乙級數位電子學術科解析
(VHDL/Verilog 雙解)

林澄雄　編著

全華圖書股份有限公司

乙級數位電子學術科解析
（VHDL/Verilog 雙語）

林容池 編著

全華圖書股份有限公司

數位電子

　　111 年新版試題在線路的佈局設計(Layout)改用電腦繪圖軟體來完成，算是大幅度的更改。第一篇我們下載共享軟體 KiCad 來說明，本書在關鍵處都有特別提點圈出，可以減少初學者的摸索時間，只要多加練習即可輕易過關。第二篇使用 VHDL 來解題，技高 108 新課綱可程式邏輯設計實習有新的改變，實習課程均以 CPLD/FPGA 實習儀器及相關軟體，但數位邏輯設計課本的基本設計元件還是使用邏輯閘。本書提出以"多工器"爲基本設計元件的觀點，多工器可以很自然地結合硬體描述語言 VHDL 來設計電路，最後用它來解勞動部乙級數位電子檢定的題目。當然讀者熟讀後也可舉一反三地做其它電路的設計，本書的出現該算是時勢所趨吧！其實對初學者而言 VHDL 一點也不簡單，原因有二：一、初學者會用程式語言的思維來解讀，二、初學者不知 VHDL 碼與實際電路的對應。因爲 VHDL 部分宣告確實允許用程式語言的思維來解讀，但筆者不建議初學者馬上去學它，本書用最基本的訊號變數宣告(signal 或 buffer)與資料型態(std_logic 或 std_logic_vector)一針見血地指出 VHDL 碼的對應電路，讀者弄清楚後馬上用實作來驗證，會很有成就感。

　　我們先見林再見樹，第三章架構帶讀者看懂晶片的 I/O 腳與各模組的接線關係，使讀者感受 VHDL 碼是模組間的接線關係，電源一接通各模組同時運作與電腦程式有執行順序先後的概念是不同的。第四章模組是本書的精華，帶讀者看 VHDL 碼與實際電路的對應，整章論述如下圖：

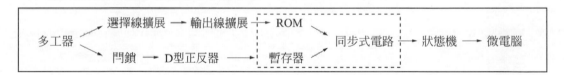

　　多工器是學習 VHDL 的基本元件，多工器往右上出發一路可擴展到唯讀記憶體 ROM。眾所皆知 ROM 可以用來完成所有組合邏輯電路，故完成電路的重頭戲不再是卡諾圖的化簡而是完成真值表。另外多工器往右下出發(即將多工器的輸出端拉回授)可做成閂鎖、D 型正反器與暫存器，因此又賦與數位電路記憶的功能。ROM 與暫存器正是 CPLD 內部的基本素材，二者合而爲一即成同步式電路。筆者自創的"CS 圖"可清楚說明 VHDL 碼與同步式電路的對應。此時再加上狀態機的架構，則讀者可以用時序圖模擬電路的行爲，即設計數位電路是用電腦組合語言的思維來處理。簡而言之，序向邏輯的設計不再是背難懂的激勵表，亦不受限設計的位元數，目前數位邏輯設計課程部分內容則需要修正。狀態機弄清楚後可更上一層樓，發展到簡易單晶片微電腦系統，與技高新課綱的微處理機課程做銜接，但本書聚焦在數位乙級考試故不討論。

第五章則針對數乙題目來解題。民國 111 年新版試題從原本的三題變成兩題，用 VHDL 設計又更簡單。這兩題都用狀態機來解，邏輯層次分明，非常簡單。另外針對業界與學界使用 Verilog 語言者不少，最後也附上 Verilog 與 VHDL 的解題對照供有興趣的讀者參考。

第六章 Quartus II 操作。針對 Quartus II 操作有詳細說明，並列出二題的腳位表供參考。

隨著新課綱的實施，FPGA/CPLD 元件成為主流，設計的方法有更新的思維，本書以多工器的概念來設計數位電路可謂一大創舉，它不只可以協助讀者考證照更可作為數位邏輯設計、可程式邏輯設計實習、微處理機的補充教材，也可以獨自成為各校的特色課程。未來做可程式邏輯設計實習花的時間可以大幅減少，多出來的時間用不同的設計觀點切入到學習硬體描述語言是值得嘗試與投資的。

再版序

　　新題目上路快一年，本書因解題精簡又有對應電路說明故得以迅速再版。
筆者針對這些時日使用回饋配合學科改版再推出新版，其修正如下：

1：書名正名爲 VHDL/Verilog 雙解。

2：學科改爲 113 年新版。

3：不附光碟，相關專案檔可由封底裡二維碼取得。

4：二題狀態變數統一叫 s，輸出變數統一叫 a，將第二題三個 2.2k 電阻由提升
　　改爲下拉，如此二題架構與變數名稱一致較好記憶。

5：二題七段顯示器數值順序由 gfedcba 改爲 abcdefg 較好打資料。

　　本書雖經再三校閱，恐難免疏漏，祈請各方先進不吝指正。檢定書籍異動
頻繁，作者聯絡資料與修正資料的連結請見封底裡，可與讀者做後續的互動，
讀者在考前不妨抽空查閱以獲得最新資訊。

編輯部序

　　「系統編輯」是我們的編輯方針，我們所提供給您的，絕不只是一本書，而是關於這門學問的所有知識，他們由淺入深，循序漸進。

　　本書是讓有數位邏輯基礎的讀者能更深入了解數位邏輯的設計並實際應用。本書在介紹 VHDL 的架構及模組之後再實際應用於乙級檢定術科上，並提供 Verilog 與 VHDL 的解題對照，讓讀者不再紙上談兵；學科部分，參照勞動部最新公告試題作有系統的整理與解析，供讀者練習。

　　本書適用於科大、技高，電子、電機科系學生及欲參加乙級數位電子技術士考試人員參考使用。

目　錄

第一篇　KiCad Layout

第一章　前置作業與注意事項

1-1　　前置作業與注意事項　　　　　　　　　1-2

第二章　第一、二題 Layout

2-1　　第一題 Layout　　　　　　　　　　　2-2
2-2　　第二題 Layout　　　　　　　　　　　2-18

第二篇　VHDL 解題

第三章　VHDL 架構

3-1　　VHDL 架構說明　　　　　　　　　　3-2

第四章　VHDL 模組

4-1　　數位電路的概念　　　　　　　　　　4-2
4-2　　多工器　　　　　　　　　　　　　　4-6
4-3　　VHDL 的算術與邏輯運算子總表　　　4-25
4-4　　VHDL 模組示例　　　　　　　　　　4-26
4-5　　同步式電路　　　　　　　　　　　　4-28
4-6　　連接運算子"&"練習　　　　　　　　4-40
4-7　　狀態機　　　　　　　　　　　　　　4-43
4-8　　VHDL 模組練習　　　　　　　　　　4-45

第五章　乙級數位電子術科試題解析

第一題　四位數顯示裝置　　　　　　　　　5-2
第二題　鍵盤輸入顯示裝置　　　　　　　　5-7
Verilog 解題對照　　　　　　　　　　　　5-14

第六章　Quartus II 操作

6-1　　Quartus II 操作　　6-2

第三篇　學科題庫整理與解析

第七章　乙級數位電子學科題庫與詳解

題目

工作項目 01：電機電子識圖　　7-2

工作項目 02：零組件　　7-6

工作項目 03：儀表與檢修測試　　7-9

工作項目 04：電子工作法　　7-17

工作項目 05：電子學與電子電路　　7-25

工作項目 06：數位邏輯設計　　7-43

工作項目 07：電腦與周邊設備　　7-65

工作項目 08：程式語言　　7-79

工作項目 09：網路技術與應用　　7-92

工作項目 10：微控制器系統　　7-98

詳解

工作項目 01：電機電子識圖　　7-103

工作項目 02：零組件　　7-104

工作項目 03：儀表與檢修測試　　7-105

工作項目 04：電子工作法　　7-107

工作項目 05：電子學與電子電路　　7-107

工作項目 06：數位邏輯設計　　7-114

工作項目 07：電腦與周邊設備　　7-123

工作項目 08：程式語言　　7-127

工作項目 09：網路技術與應用　　7-130

工作項目 10：微控制器系統　　7-131

附　錄

附-1

PART 01

KiCad Layout

Chapter 1 前置作業與注意事項

Chapter 2 第一、二題 Layout

CHAPTER 01

前置作業與注意事項

1-1　前置作業與注意事項 1-2

乙級數位電子學術科解析(VHDL / Verilog 雙解)

 前置作業與注意事項

　　111 年勞動部將數位電子乙級改版,線路佈局不再用描圖紙手繪,改用電腦繪圖軟體 KiCad 繪製,各元件的符號庫與封裝庫參考資料也公開在電腦上,考生要自行匯入 KiCad 元件庫中並完成繪製。

注意事項:

1. KiCad 務必下載考場的版本來練習,在此以 KiCad 6.0 版說明之。

2. 萬用電路板的白點並非每間隔是 10 點,如下圖左邊開始第一次間隔只有 9 點。

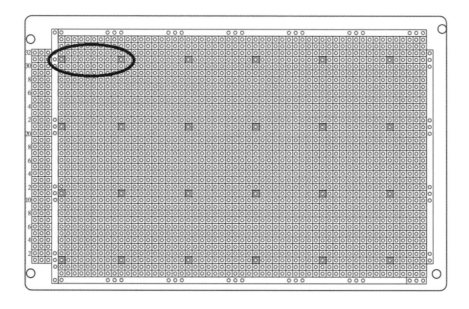

3. 初學者練習時要常存檔,以免前功盡棄。

4. 繪圖時輸入法要切到英數,不可切到中文,如此功能鍵才會正常。

5. 要善用滑鼠的滾輪、左右鍵與鍵盤的功能鍵。在做元件選擇或做設定的時候通常都是按右鍵。

6. 網格的設定很重要,網格就是物件置放的解析度,要會隨時機動調整。

前置作業：

1. 建立規定的專案資料夾與檔案修改

    應檢人應於資料碟（如 D 槽）中，建立兩個資料夾： 第一個資料夾名稱爲：崗位編號 _Layout，放置電路圖與佈線圖設計專案。 第二個資料夾名稱爲：崗位編號_CPLD，放置 CPLD 電路設計專案。

    再來將勞動部給的元件庫檔案名稱前面都加 0，等一下匯入元件庫後排序會在前面較好找。(此 KiCad 版本匯入的元件庫雖有置頂的設定但還不是很順)

2. 先開啓 KiCad

    按一下專案視窗的檔案 \ 新建工程，在規定的資料夾中建立一個專案，專案名稱叫 "no1"，出現專案視窗如下：

    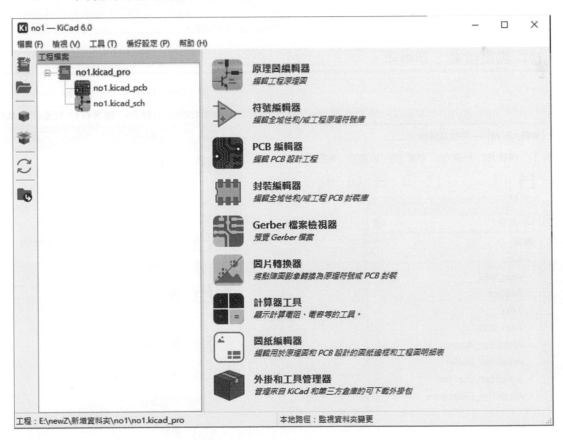

乙級數位電子學術科解析(VHDL / Verilog 雙解)

3. 匯入符號庫

(1) 開 KiCAD 選符號編輯器。

(2) 點選檔案 \ 新增庫。

(3) 彈出新增到庫表視窗選全域性。

(4) 彈出選擇庫視窗。

路徑為：桌面\KiCAD_Library\

選 0New_Library

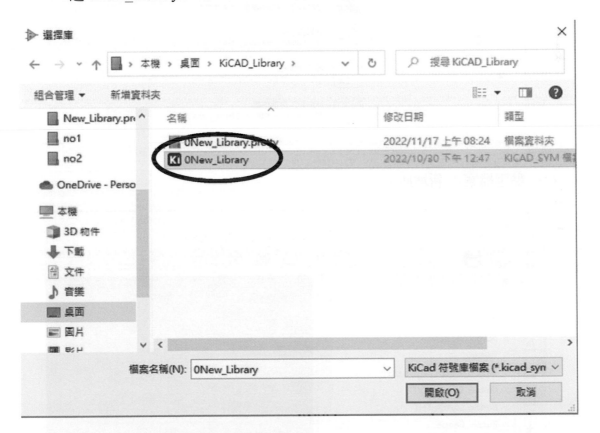

4. 匯入封裝庫

(1) 選封裝編輯器。

(2) 點選檔案 ＼ 新增庫。

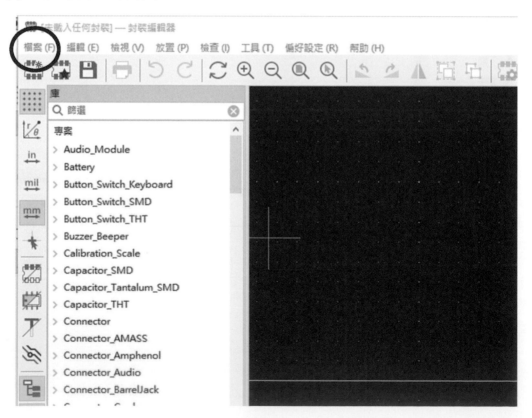

(3) 彈出新增到庫表視窗後,選全域性。

(4) 彈出選擇庫視窗後,選 0New_Library.pretty 資料夾。

乙級數位電子學術科解析(VHDL / Verilog 雙解)

CHAPTER

02

第一、二題 Layout

2-1　第一題 Layout 2-2

2-2　第二題 Layout 2-19

第一題 Layout

步驟 1 電路圖繪製

1. **開啟原理圖編輯**

在專案視窗點選 no1.kicad_sch 圖示編輯電路圖,出現下圖視窗,電路要繪在圖紙區中。

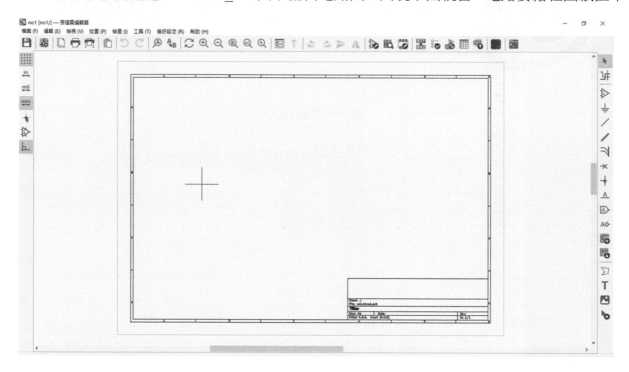

2. **確定電路接腳**

電路圖請參考試題本如下圖。

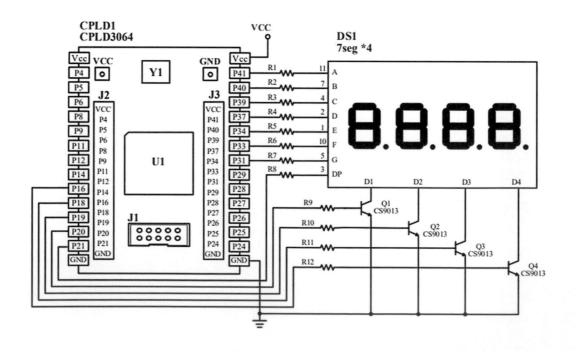

若假設抽到 A 組如下表，其規定的腳位一定要用到才不會被扣分。

A	J2												J3										
	P4	P5	P6	P8	P9	P11	P12	P14	P16	P18	P19	P20	P21	P24	P25	P26	P27	P28	P29	P31	P33	P34	P37	P39	P40	P41
	✓	✓	✓	✓	✓									✓	✓	✓	✓	✓						

故修改參考試題如下：VCC 不予理會打 x。再確定 CPLD 的 J2 與 J3 必須用到的腳位，
為下圖圈出處。若將電阻 R7 改連接到 J2，如此 J2 與 J3 各有六條線，後面 PCB 佈線會
較順利。

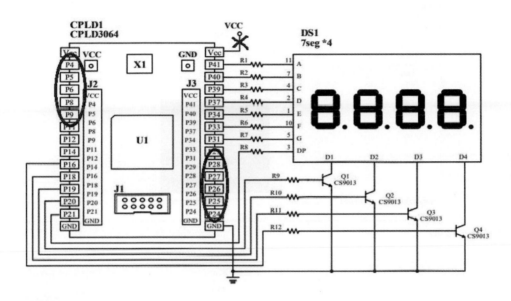

完成的電路圖如下：

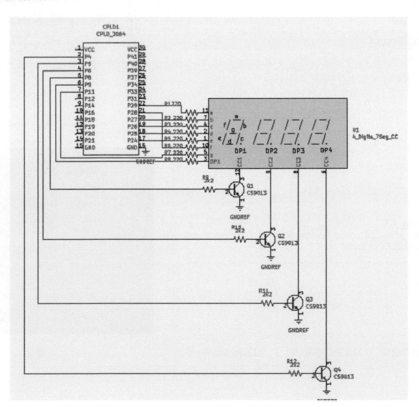

乙級數位電子學術科解析(VHDL / Verilog 雙解)

3. 元件擺放

在視窗右側按下 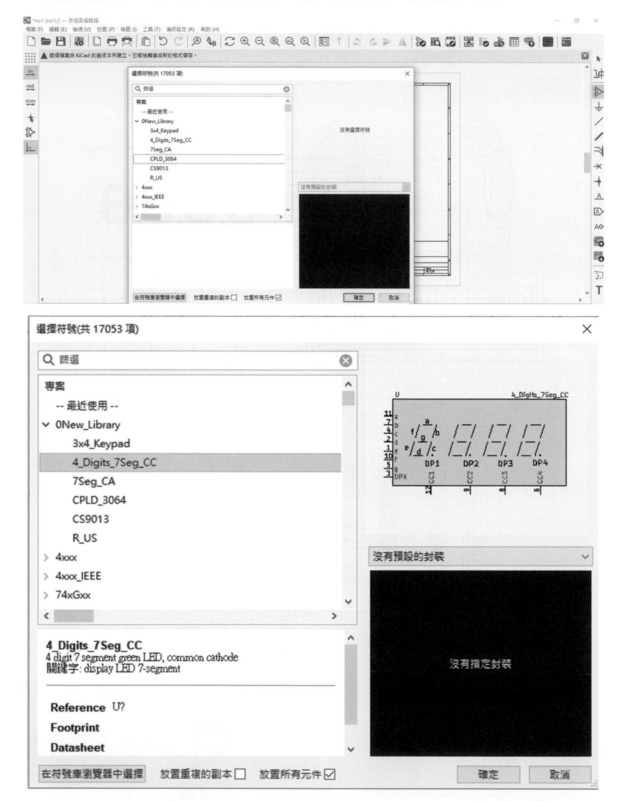 。選取元件，滑鼠移到工作區雙按左鍵後，會載入零件庫並彈出

各元件表列，元件庫改名後就在第一個，內部共有 6 個元件如下圖。

分別點選 CPLD_3064、4_Digits_7Seg_CC、CS9013、R_US 等元件加入工作圖。

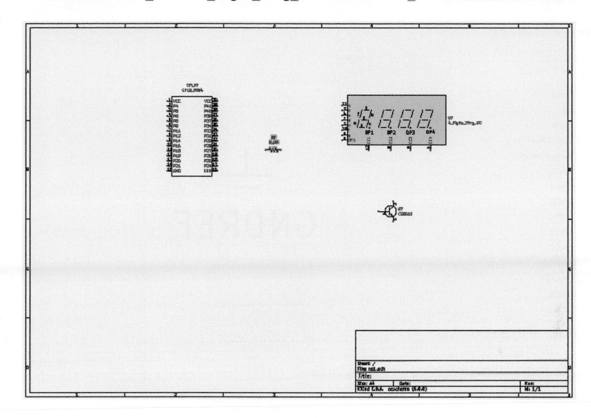

在此要先做些處理後面用複製貼上較有效率。

電阻 R_US 改為 220 並將文字都拉到電阻左方。用"建立副本"功能完成 8 個，在工作區上方按下 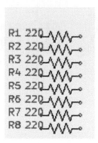，系統會自動標註各元件之編號。如下圖：

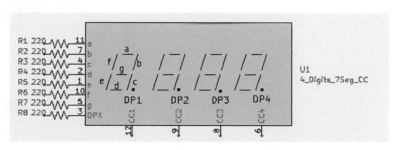

四位七段與電阻結合

乙級數位電子學術科解析(VHDL / Verilog 雙解)

按下右側接地圖示。選 GNDREF，取出接地符號。

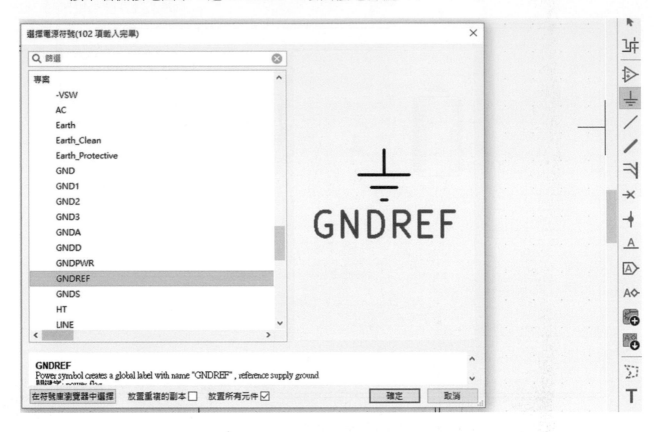

子板的 16 腳先接地。

另外再建立一個電阻，R 改為 2K2。與電晶體和接地符號結合完成下圖。

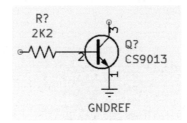

用 "建立副本" 功能完成 4 個,再按下 ![R??R42] 系統會自動標註各元件之編號,完成如下圖。

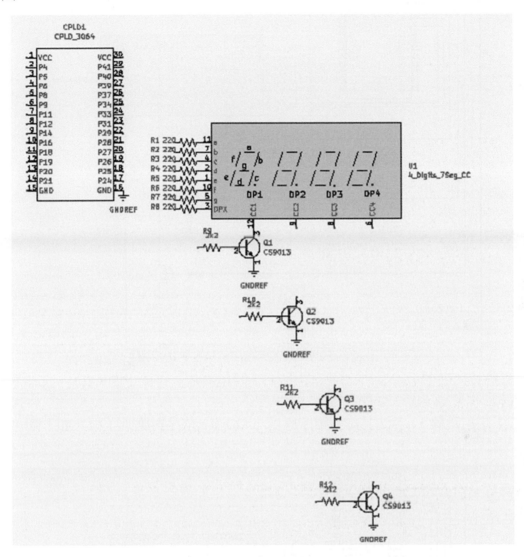

4. 佈線

R1~R8 的 220 電阻右邊接到四位七段左側,先保留電阻 R1~R6 拉到子板右側的佈線,R7、R8 拉到子板左側 7 與 6 腳。R9~R12 的 2K2 電阻接到子板左側的 5~2 腳並與電晶體 Q1~Q4 的 B 極依序對應,如下圖。

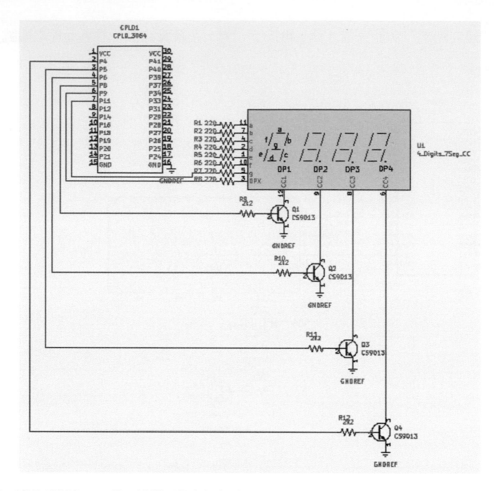

若不想用跳線，a 到 f 其排列順序應為 a f b c d e 依序對應到子板，如下圖。

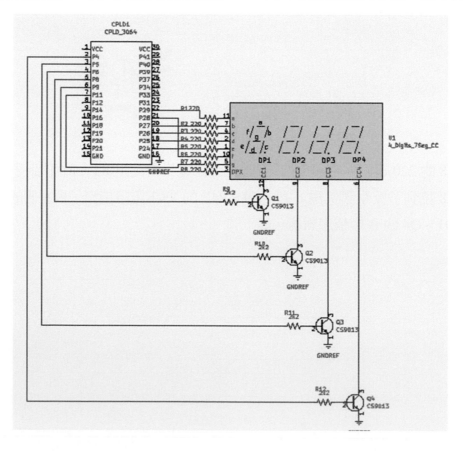

5. **圖框設定與列印**

如下圖按下 ⬜ ，彈出 "圖框設定" 對話框，按 <<< 會自動帶入今天的日期。填標題欄，依電腦製圖規則第三項：電路圖右下角的繪製者資訊需設定，包含術科測試編號-崗位號碼、檢定日期。假設 12345678 為術科測試編號、01 是抽到的崗位號碼，按照試題規定填入後按 "確定"。在規定的資料夾中存成 pdf 檔，檔名自定，若監評有要求列印則要將其印出。

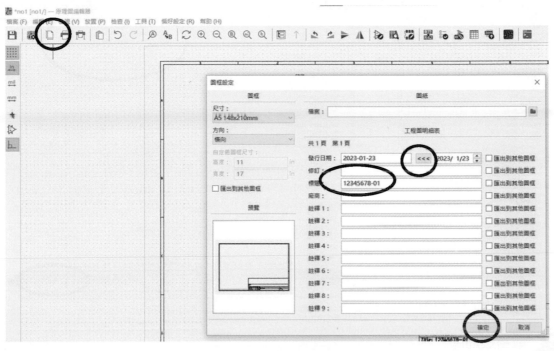

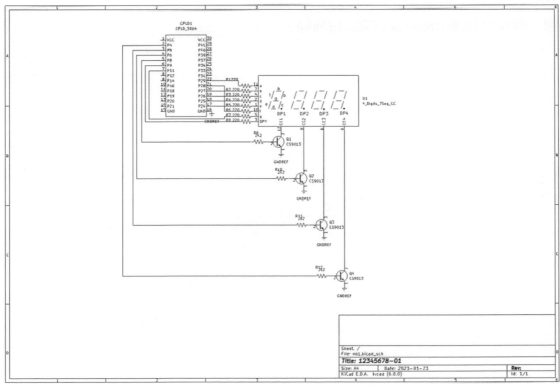

步驟 2 封裝分配

　　在視窗上方按下 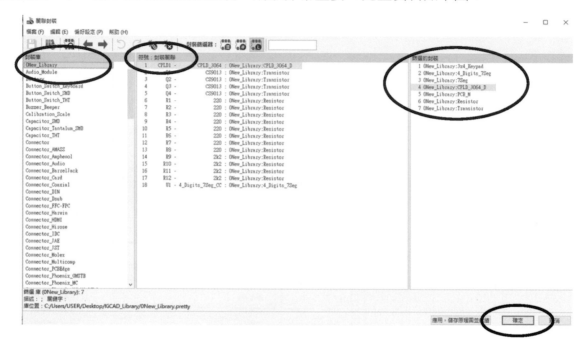 符號，會彈出封裝分配視窗。如下封裝庫選 0New_Library 右邊會出現篩選的封裝。若中間"符號：封裝關聯"欄選 CPLD1 使其反白，在右邊篩選的封裝欄雙按 4 0New_Library: CPLD_3064_D 則其內容就可以設定。全部設定完畢按下確定即完成。這個資料表若設定錯誤，下一關 PCB 佈局無法呈現，所以非常重要。完整資料如下圖：

步驟 3 電路板佈局

　　點選下圖圈出的圖示即可進到電路板佈局。

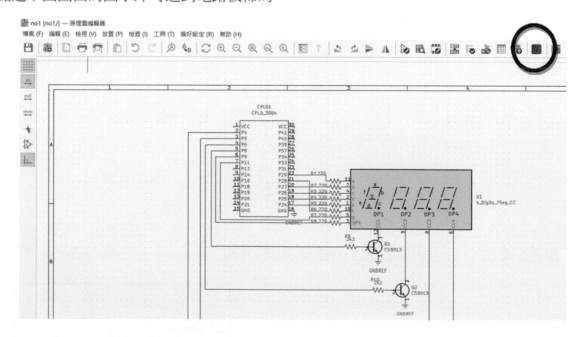

1. 畫格線

出現電路板佈局頁面後要先畫格線才容易找到元件置放的相對位置，格線的交會點就是電路板上的白點。

下圖網格選 0.1 吋，圖層選灰色的 User. Drawings。右下方點選畫方框圖示，開始拉外框。從圖紙左上角坐標為(0.5，0.5)，拉到右下角坐標為(6.6，4.4)。

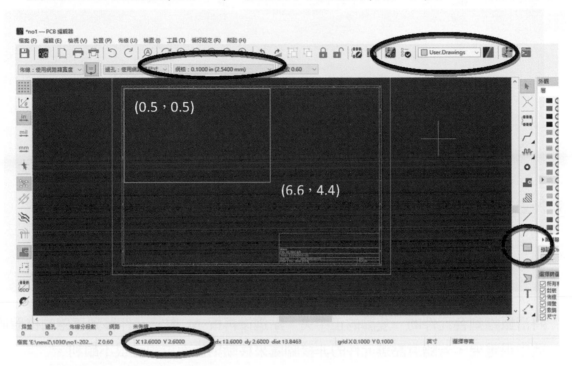

再來在大方框內部整數格點處畫直線，可用直線功能亦可用三個方框畫出 6 條直線，再用二個方框畫 4 條橫線比較快。

因應這片板子左邊開始第一次間隔只有 9 點，把下圖箭頭所指的直線再往右移一格(即將該直線調到 x=1.1 處)，避免插零件時放錯地方。

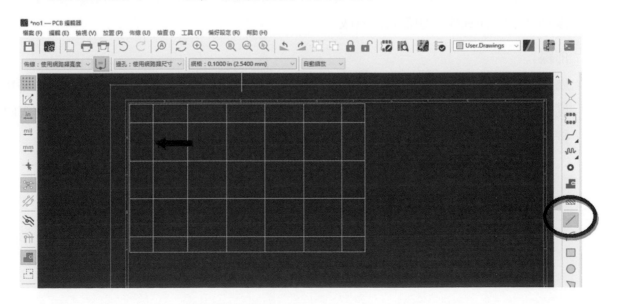

2. 匯入專案元件與擺放元件

網格設為 0.1 吋。按下圖右上方圖示可匯入專案元件。

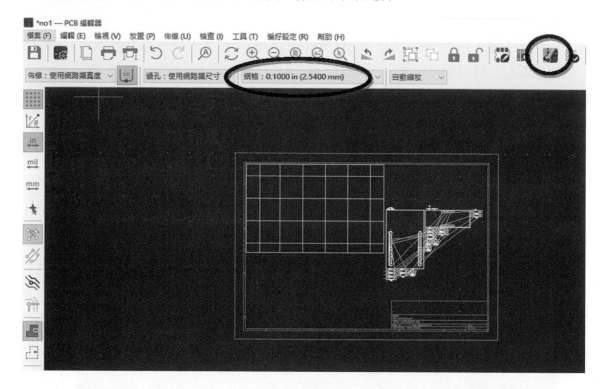

將滑鼠指到各元件的一隻腳的正中央，點選後再按 M 鍵將元件移到正確的位置置放。
此處很重要，若隨意點選元件的非接腳處來移動則後面拉線會很不順利。

讀者可以先參考完成圖，將各元件拉到大概的方向。點選元件後善用移動 M 與旋轉 R
兩功能鍵，可以很容易的解開糾結。元件之間相連的白線再怎麼拖拉都不會斷掉請放
心。元件置放的位置因人而異，以平均放在板子內為原則，以下作法提供參考。

J3 放座標(3.0，2.0)的十字上。R1 到 R6 放在 J3 右方。R9 到 R12 直立放在右側最上方
的橫線上，四個電晶體放在其下。四位七段顯示器放在 R1 到 R6 的右邊。這種擺放的
優點是不管抽到哪一題都很好修改。

3. 佈線

為了工作時看清佈線走向最好先調整最小佈線寬度。如下圖左上選佈線：使用網路類寬
度 \ 編輯預定義尺時。出現電路板設定視窗後選約束 \ 設定最小佈線寬度為 0.03 吋，
按下確定即可。

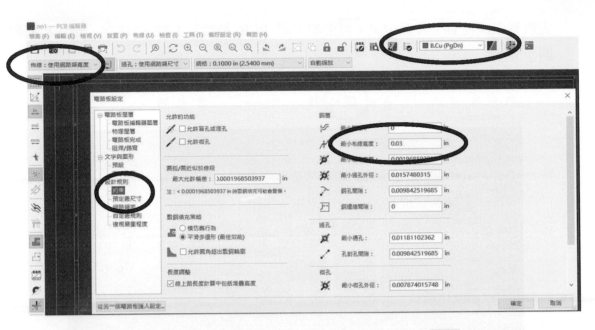

圖層選 B.Cu 表示會佈線在銅箔面，畫出來的是藍色。按下 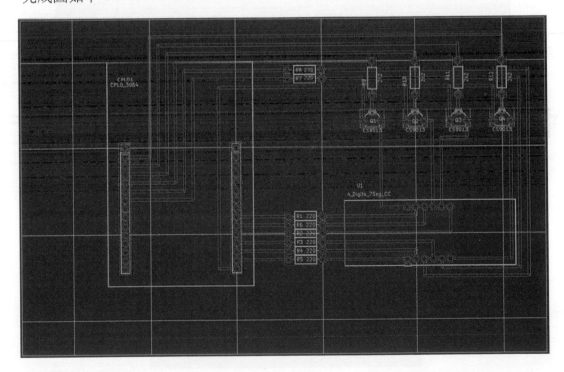 佈線鈕就可開始佈線。

電阻的標示不要疊在一起只留代碼與大小。

完成圖如下：

有畫格線應該很容易判斷元件置放與拉線的位置。若勞動部有提供板框而沒利用會不安的讀者可依下列步驟將板框貼到 pcb 檔中。

乙級數位電子學術科解析(VHDL / Verilog 雙解)

先將整張圖拉到工作圖中央，再來如下圖 PCB 編輯器中按下"建立、刪除和編輯封裝"圖示。

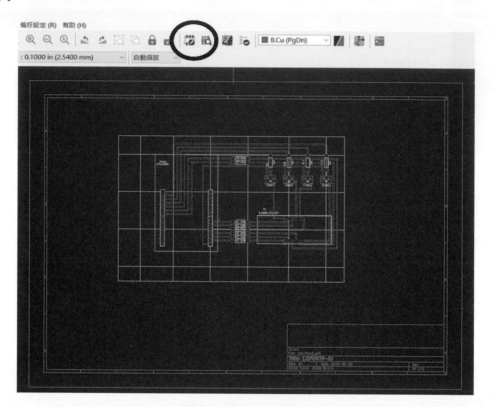

出現封裝編輯器後在左方先選 "PCB_M"後雙按，再選右上處"插入封裝到當前電路板"。

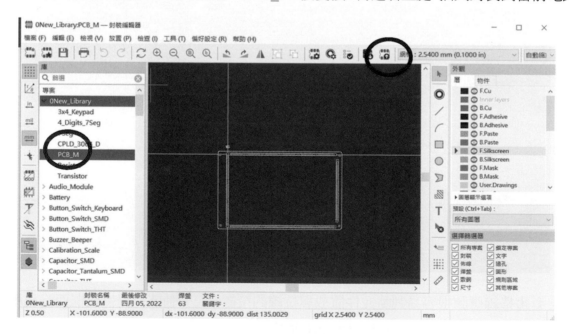

如下圖將最右邊粗銅箔對正最右邊格線,粗銅箔三個圓點的中心對正水平格線置放。

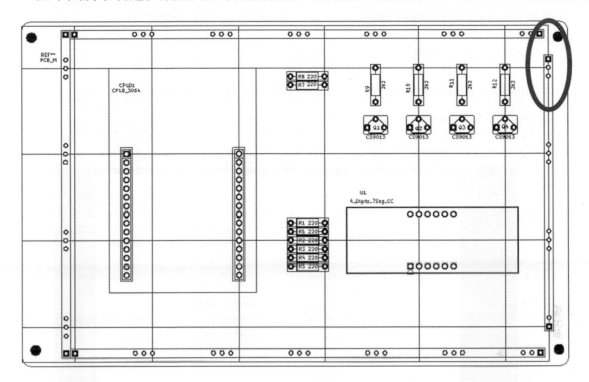

若接腳抽到 B 組請將 R1 至 R6 六個電阻與四位七段顯示器全部往上平移即可,如下圖。

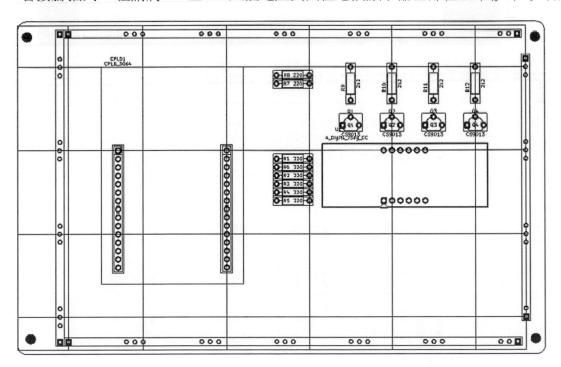

4. 頁面設定與列印

此處頁面設定同電路圖繪製時之設定，請設定正確否則會被扣分。

最後按列印圖示  ，印出元件面跟銅箔面，並在規定的資料夾中存成 pdf 檔。下圖為

元件面的設定只有 B.Cu 不選，可以用預覽列印看一下 ok 後再列印。

元件面完成圖。記得在規定的資料夾中存成 pdf 檔。

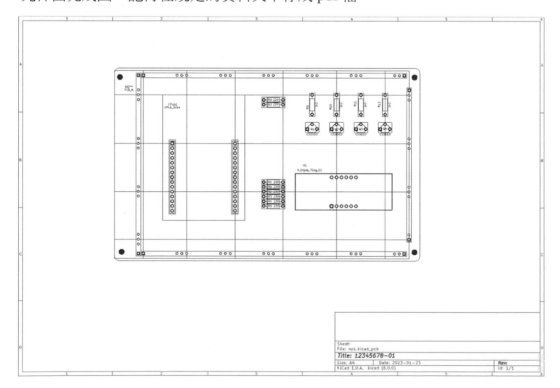

銅箔面列印設定如下圖。只選 B.Cu 與 User.Drawings，並勾選映象列印。

銅箔面完成圖。

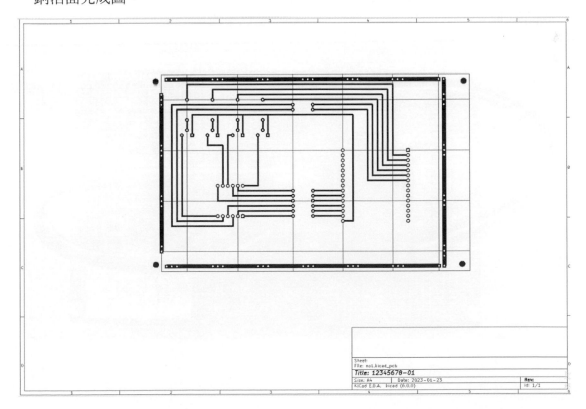

乙級數位電子學術科解析(VHDL / Verilog 雙解)

由於新題目有腳位與顯示字型的變化,各訓練單位要做全面的練習與測驗並不容易,此次二題電路板的佈局設計都修正成"可輕鬆改為練習板"。

練習板的建議做法是將下方圈出處加焊排針,J2 與 J3 接腳處剪斷,子板上方加焊排針(或一開始就使用雙邊都是高 12mm 的排針),用杜邦線或彩虹線依題意作連接。

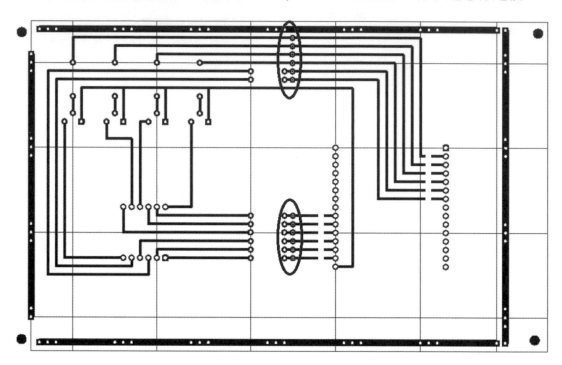

成品如下:

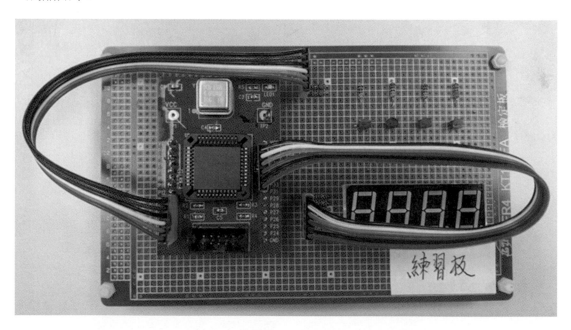

2-2 第二題 Layout

步驟 1 電路圖繪製

1. 確定電路接腳

第二題原始參考電路圖如下：

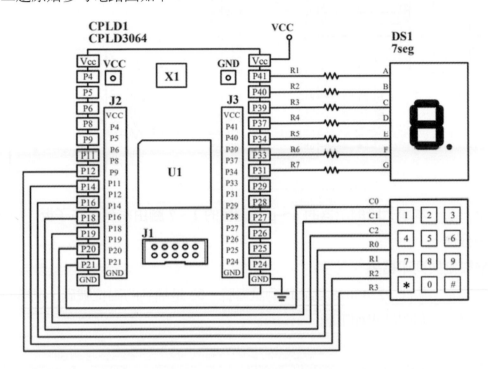

如下圖為第二題的修正圖。有了第一題的經驗第二題會比較簡單，這一題 3×4 鍵盤的 C0～C2 要加 3 個 2K2 的下拉電阻才有辦法工作，3×4 鍵盤的腳位如下右圖。

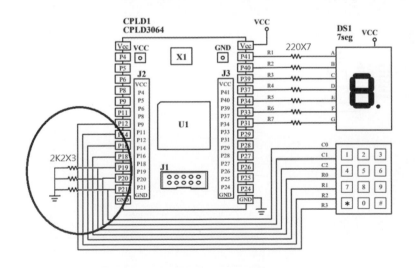

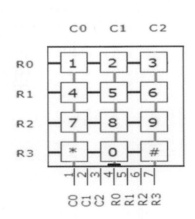

2. 完成目標圖

如下圖是抽到 A 組的完成目標圖。

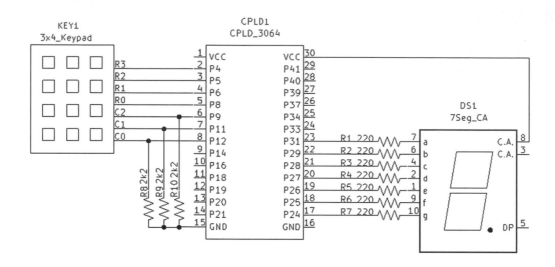

同第一題,本題七段顯示器的 **a~g** 與鍵盤的 **1~7** 腳由左到右在子板 **J3**、**J2** 間順時針依序分佈。

3. 圖框設定與列印結果

圖框設定:假設 12345678 為術科測試編號、02 是抽到的崗位號碼,測驗時請以實際情況設定之。列印結果如下圖。

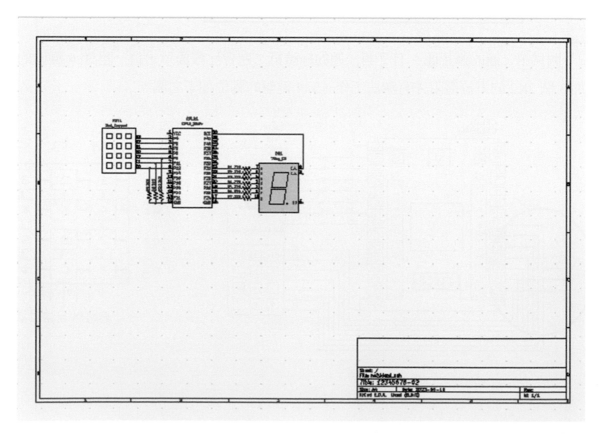

步驟 2 封裝分配

同第一題。完整設定資料如下表：

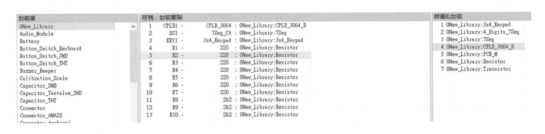

步驟 3 電路板佈局

點選 PCB 編輯器，並依下列順序完成之。

1. **畫格線**
2. **載入網路表列**
3. **擺放元件**

子板位置同第一題。要注意各元件不可超出母板邊緣，以下為完成圖。

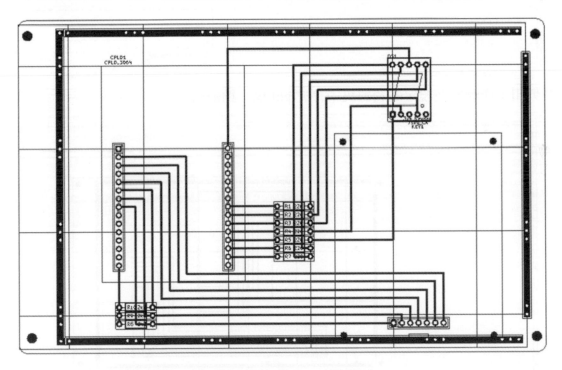

乙級數位電子學術科解析(VHDL / Verilog 雙解)

4. 圖框設定與列印

列印工作圖並在規定的資料夾中存成 pdf 檔：零件面。

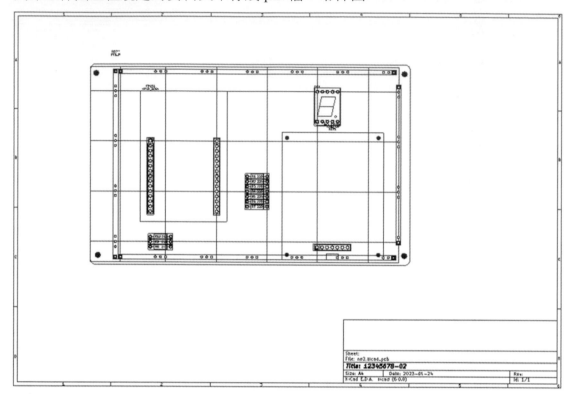

列印工作圖並在規定的資料夾中存成 pdf 檔：銅箔面。

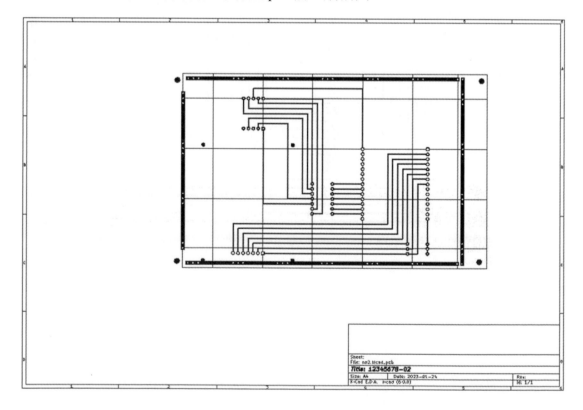

練習板的建議做法是將下方圈出處加焊排針，J2 與 J3 接腳處剪斷，子板上方加焊排針(或一開始就使用雙邊都是高 12mm 的排針)，用杜邦線依題意作連接。

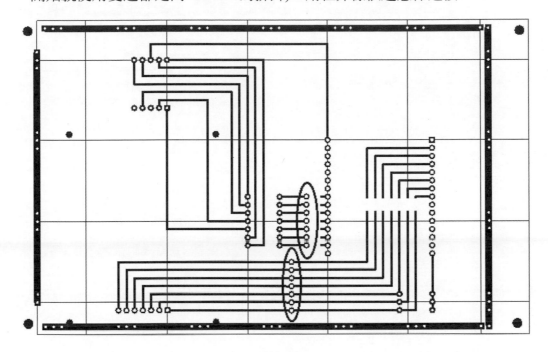

母板焊接提示：

要注意裸線轉彎處一定要焊且點與點間最多空 4 點，否則會被扣分。建議線務必拉直而且一線到底，可先焊一點，用力拉直到板框邊緣再折彎固定。若要轉彎，在彎點前二格先焊住，彎點折彎導線再焊彎點，餘此類推。如此可焊得又直又美。

子板焊接提示：

子板 LED 元件小又有極性要小心以對，可先將 LED 放在乾淨光滑處用透明膠布沾其一半處，確定其極性後貼到電路板上焊接。

乙級數位電子學術科解析(VHDL / Verilog 雙解)

PART 02

VHDL 解題

Chapter **3** **VHDL 架構**

Chapter **4** **VHDL 模組**

Chapter **5** 乙級數位電子術科試題解析

Chapter **6** **Quartus II 操作**

VHDL 架構

3-1　　VHDL 架構說明..3-2

3-1 VHDL 架構說明

　　VHDL 雖然看起來像程式碼但思維方式卻大不同。程式碼前後有執行順序先後的概念，但 VHDL 碼卻注重各模組間的接線關係。本章說明如何判斷一個元件內部的模組數，並了解各模組的接線關係。以下圖 VHDL 碼為例：(首先強調它是大小寫不分的，而 -- 後的文字為註解。)

```vhdl
library IEEE;
use IEEE.std_logic_1164.all;
use IEEE.std_logic_unsigned.all;
-------------------------------------------------
entity no1 is
    port(   ck  :in   std_logic;
            a   :buffer std_logic_vector(3 downto 0));
end ;
-------------------------------------------------
architecture A of no1 is
signal q: std_logic_vector(21 downto 0);
signal ck1:   std_logic;
begin
process(ck)
begin
    if   rising_edge(ck)   Then          -- ck 當本模型的時脈
        q<=q+1;                          --q 位元越高頻率越低
    end if;                              --

    ck1<=q(21);                          --取出 q 的 21 腳當 ck1 訊號

    if   rising_edge(ck1)   Then         --ck1 當本模型的時脈
        a<=a+1;                          --a 四位元上數
    end if;
end process;
end A;
```

說明：

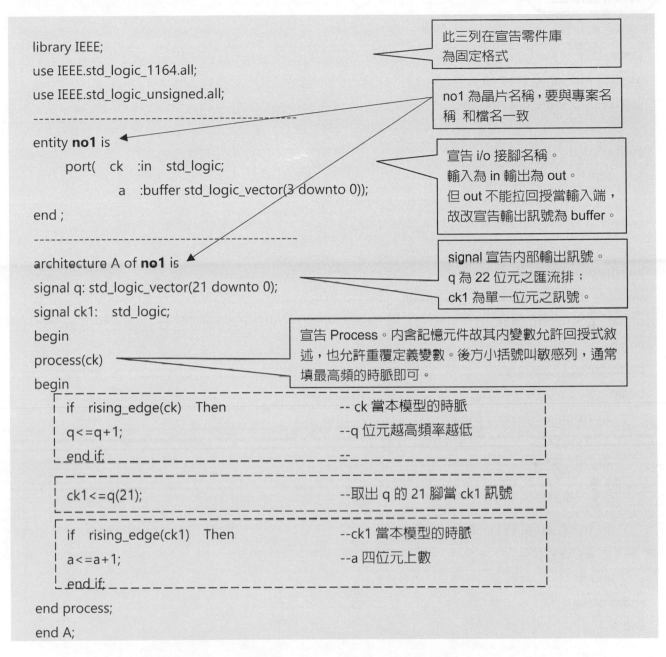

```
library IEEE;
use IEEE.std_logic_1164.all;
use IEEE.std_logic_unsigned.all;
-------------------------------------------------
entity no1 is
    port( ck  :in  std_logic;
          a  :buffer std_logic_vector(3 downto 0));
end ;
-------------------------------------------------
architecture A of no1 is
signal q: std_logic_vector(21 downto 0);
signal ck1:   std_logic;
begin
process(ck)
begin
    if  rising_edge(ck)  Then          -- ck 當本模型的時脈
    q<=q+1;                            --q 位元越高頻率越低
    end if;                            --
    
    ck1<=q(21);                        --取出 q 的 21 腳當 ck1 訊號
    
    if  rising_edge(ck1)  Then         --ck1 當本模型的時脈
    a<=a+1;                            --a 四位元上數
    end if;
end process;
end A;
```

此三列在宣告零件庫
為固定格式

no1 為晶片名稱，要與專案名稱 和檔名一致

宣告 i/o 接腳名稱。
輸入為 in 輸出為 out。
但 out 不能拉回授當輸入端，
故改宣告輸出訊號為 buffer。

signal 宣告內部輸出訊號。
q 為 22 位元之匯流排；
ck1 為單一位元之訊號。

宣告 Process。內含記憶元件故其內變數允許回授式敘述，也允許重覆定義變數。後方小括號叫敏感列，通常填最高頻的時脈即可。

1. 上列三個虛線框中為三個模組。有 if 要找到其對應的 end if 其中皆為同一模組。每個 if 對要應一個 end if 模組才結束，若連續有二個 if 亦要找到二個 end if 模組才結束，餘此類推。若是 case 也是要找到 end case 來對應。

2. 各模組<=左邊變數為輸出腳的名稱，是該模組的主角，該模組就是在定義該接腳。<= 右邊的式子為輸入腳的名稱與運算，if 的條件欄若有變數也是輸入。

3. 上列三個模組只考慮模組間接線之關係無需考慮模組間陳述先後之順序。

4. Process 內含記憶元件，在內部定義的變數若無設定其初值則送電後大都內定為 0。

架構練習

```vhdl
library IEEE;
use IEEE.std_logic_1164.all;
use IEEE.std_logic_unsigned.all;
------------------------------------------------
entity no1 is
    port(   ck   :in   std_logic;
              a    :buffer std_logic_vector(3 downto 0));
end ;
------------------------------------------------
architecture A of no1 is
signal q: std_logic_vector(21 downto 0);
signal    ck1:   std_logic;
begin
process(ck)
begin
    if   rising_edge(ck)   Then
        q<=q+1;
    end if;

    ck1<=q(21);

    if   rising_edge(ck1)   Then
        a<=a+1;
    end if;
end process
end A;
```

1. 上例 VHDL 檔晶片名稱_____輸入腳名稱：_____，有_____位元；輸出
   腳名稱：_____，有_____位元。內部訊號有_____、_____共 23
   位元。

2. 在上例 VHDL 檔圈出各模組並用大寫英文 ABC 依序標其代號

3. A 模組的主角(輸出腳名稱)為_____、輸入腳名稱為_____，_____

4. B 模組的主角(輸出腳名稱)為_____、輸入腳名稱為_____

5. C 模組的主角(輸出腳名稱)為_____、輸入腳名稱為_____，_____

6. 各模組間之接線圖如下：(拉回授者不必標出。習慣上主角名稱要寫在方框內的右側，
   參考訊號要從方框的左方拉入)

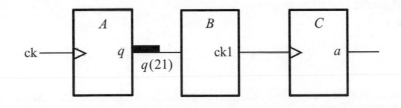

乙級數位電子學術科解析(VHDL / Verilog 雙解)

練習答案

```vhdl
library IEEE;
use IEEE.std_logic_1164.all;
use IEEE.std_logic_unsigned.all;
-----------------------------------------------
entity no1 is
    port(   ck  :in   std_logic;
            a   :buffer std_logic_vector(3 downto 0));
end ;
-----------------------------------------------
architecture A of no1 is
signal q: std_logic_vector(21 downto 0);
signal     ck1:  std_logic;
begin
process(ck)
begin
```

A
```vhdl
    if   rising_edge(ck)   Then
        q<=q+1;
    end if;
```

B
```vhdl
    ck1<=q(21);
```

C
```vhdl
    if   rising_edge(ck1)   Then
        a<=a+1;
    end if;
```

```vhdl
end process
end A;
```

1. 上例 VHDL 檔晶片名稱__no1__輸入腳名稱：__ck__，有__1__位元；輸出腳名稱：__a__，有__4__位元。內部訊號有__q__、__ck1__共 23 位元。

2. 在上例 VHDL 檔圈出各模組並用大寫英文 ABC 依序標其代號

3. A 模組的主角(輸出腳名稱)為__q__、輸入腳名稱為__ck__，__q__

4. B 模組的主角(輸出腳名稱)為__ck1__、輸入腳名稱為__q(21)__

5. C 模組的主角(輸出腳名稱)為__a__、輸入腳名稱為__ck1__，__a__

6. 各模組間之接線圖如下：(拉回授者不必標出。習慣上主角名稱要寫在方框的右側，參考訊號要從方框的左方拉入)

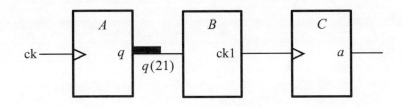

乙級數位電子學術科解析(VHDL / Verilog 雙解)

以下 VHDL 碼為數乙第一題

```
library IEEE; --第一題：四位數顯示裝置
Use IEEE.std_logic_1164.all;
Use IEEE.std_logic_unsigned.all;
Entity no1 is
    Port(
            ck:in std_logic;
            s:buffer std_logic_vector(3 downto 0);
            a:buffer std_logic_vector(7 downto 0) );
End;
Architecture A of no1 is
signal t: std_logic_vector(13 downto 0);
begin

Process(ck)
begin
if rising_edge(ck) then t<=t+1; end if;--除頻電路

if rising_edge(t(13)) Then --狀態機模組，七段為共陰亮為 1
    case s is                    --"abcdefg."
    when "0001"=>s<="0010";a<="11110010";--@D1:3
    when "0010"=>s<="0100";a<="11011010";--@D2:2
    when "0100"=>s<="1000";a<="01100001";--@D3:1.
    when others=>s<="0001";a<="01100110";--@D0:4
    end case;
end if;
end process;
end;
```

1. 在上例 VHDL 檔圈出各模組並用大寫英文依序標其代號。
2. 完成其各模組接線圖。

※答案請參閱第一題解題。

以下 VHDL 碼為數乙第二題

```
library ieee;--4*3 鍵盤控制電路
use ieee.std_logic_1164.all;
use ieee.std_logic_unsigned.all;
entity no2 is
    port(ck :in std_logic;
            s:buffer std_logic_vector(3 downto 0);
            a:buffer std_logic_vector(6 downto 0);
            c :in std_logic_vector(2 downto 0));
end;
architecture a of no2 is
begin
process(ck)
begin
if rising_edge(ck) then --按鍵取值電路
case s is                              --abcdefg
when "0001"=>s<="0010";if c ="001" then a<="1001111";end if;--1
                       if c ="010" then a<="0010010";end if;--2
                       if c ="100" then a<="0000110";end if;--3
when "0010"=>s<="0100";if c ="001" then a<="1001100";end if;--4
                       if c ="010" then a<="0100100";end if;--5
                       if c ="100" then a<="0100000";end if;--6
when "0100"=>s<="1000";if c ="001" then a<="0001111";end if;--7
                       if c ="010" then a<="0000000";end if;--8
                       if c ="100" then a<="0001100";end if;--9
when others=>s<="0001";if c ="001" then a<="1110010";end if;--*
                       if c ="010" then a<="0000001";end if;--0
                       if c ="100" then a<="1100110";end if;--#
end case;
end if;
end process;
end ;
```

1. 在上例 VHDL 檔圈出各模組並用大寫英文依序標其代號。

2. 完成其各模組接線圖。

※答案請參閱第二題解題。

CHAPTER 04

VHDL 模組

4-1　數位電路的概念 4-2

4-2　多工器 4-6

4-3　VHDL 的算術與邏輯運算子總表 4-25

4-4　VHDL 模組示例 4-26

4-5　同步式電路 4-28

4-6　連接運算子"&"練習 4-40

4-7　狀態機 4-43

4-8　VHDL 模組練習 4-45

4-1 | 數位電路的概念

一、數碼轉換

　　首先對數位電路的概念做加強。數位電路是將電路各條線的電壓大小依某值分出高與低(1 與 0)。這樣的好處是在傳輸或處理的過程比較不受雜訊的干擾。因為數位電路每條線只能表示 1 與 0，若要表示一個大範圍的數值就需要用多條的線才能表示，每條線稱一位元。位元數變多用 16 進制來表示會較精簡易讀，16 進制比 10 進制多了 6 個碼就用英文字 A～F 來表示，如下為數碼轉換表：

10 進制	2 進制	16 進制
0	0000	0
1	0001	1
2	0010	2
3	0011	3
4	0100	4
5	0101	5
6	0110	6
7	0111	7
8	1000	8
9	1001	9
10	1010	A
11	1011	B
12	1100	C
13	1101	D
14	1110	E
15	1111	F
16	10000	10

　　為了區分各進制間不混淆，二進碼在右側寫 b、十六進碼在右側寫 h 以供區別。

　　例：$19=1*2^4+0*2^3+0*2^2+1*2^1+1*2^0$，故可以寫成 19=10011b。而二進碼每 4 位元又可用一個十六進碼來表示故 19=10011b=00010011b =13h。讀者先練習下表，若身邊有電腦也可用小算盤來檢查。

練習

1. $11011b = 1 \times 2^4 + 1 \times 2^3 + 0 \times 2^2 + 1 \times 2^1 + 1 \times 2^0$

    $= \underline{\hspace{2cm}}$

2. $100001b = 1 \times 2^5 + 0 \times 2^4 + 0 \times 2^3 + 0 \times 2^2 + 0 \times 2^1 + 1 \times 2^0$

    $= \underline{\hspace{2cm}}$

3. $33 = \underline{\hspace{1cm}} \times 2^5 + \underline{\hspace{1cm}} \times 2^4 + \underline{\hspace{1cm}} \times 2^3 + \underline{\hspace{1cm}} \times 2^2 + \underline{\hspace{1cm}} \times 2^1 + \underline{\hspace{1cm}} \times 2^0$

    $= \underline{\hspace{2cm}}b$

4. $77 = \underline{\hspace{1cm}} \times 2^6 + \underline{\hspace{1cm}} \times 2^5 + \underline{\hspace{1cm}} \times 2^4 + \underline{\hspace{1cm}} \times 2^3 + \underline{\hspace{1cm}} \times 2^2 + \underline{\hspace{1cm}} \times 2^1$

    $+ \underline{\hspace{1cm}} \times 2^0$

    $= \underline{\hspace{2cm}}b$

5. 請完成下表。

10 進制	2 進制	16 進制
35		
	11100b	
		6Eh
		FFh

乙級數位電子學術科解析(VHDL / Verilog 雙解)

練習答案

1. $11011b = 1 \times 2^4 + 1 \times 2^3 + 0 \times 2^2 + 1 \times 2^1 + 1 \times 2^0$

    $= \underline{\quad 27 \quad}$

2. $100001b = 1 \times 2^5 + 0 \times 2^4 + 0 \times 2^3 + 0 \times 2^2 + 0 \times 2^1 + 1 \times 2^0$

    $= \underline{\quad 33 \quad}$

3. $33 = \underline{\quad 1 \quad} \times 2^5 + \underline{\quad 0 \quad} \times 2^4 + \underline{\quad 0 \quad} \times 2^3 + \underline{\quad 0 \quad} \times 2^2 + \underline{\quad 0 \quad} \times 2^1 + \underline{\quad 1 \quad} \times 2^0$

    $= \underline{\quad 100001 \quad} b$

4. $77 = \underline{\quad 1 \quad} \times 2^6 + \underline{\quad 0 \quad} \times 2^5 + \underline{\quad 0 \quad} \times 2^4 + \underline{\quad 1 \quad} \times 2^3 + \underline{\quad 1 \quad} \times 2^2 + \underline{\quad 0 \quad} \times 2^1$

    $+ \underline{\quad 1 \quad} \times 2^0$

    $= \underline{\quad 1001101 \quad} b$

5. 請完成下表。

10 進制	2 進制	16 進制
35	100011b	23h
28	11100b	1Ch
110	1101110b	6Eh
255	11111111b	FFh

二、訊號的產生　(用開關產生 0，1 訊號)

做數位電路實驗，訊號的產生與顯示很重要。如何產生數位訊號呢？以下用單刀雙投開關與單刀開關分別呈現。

單刀雙投開關

切上方 V_o 為 5V 代表 **1**

切下方 V_o 為 0V 代表 **0**

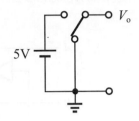

單刀開關

SW　off (斷開)　　V_o 為 5V 代表 **1**

SW　on (接通)　　V_o 為 0V 代表 **0**

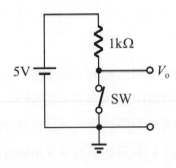

三、訊號的顯示

用 LED 來呈現輸出端的訊號高低最簡單。如下圖輸出端與地有電位差 LED 會亮，反之 LED 不會亮。

4-2 多工器

一、多工器的擴展

1. 基本多工器

如下圖是用邏輯閘完成的多工器,是可由選擇線 S 電壓的態狀來選擇左邊的訊號當輸出。

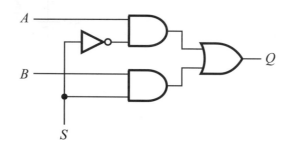

其等效電路如右圖的開關電路,
開關的切換由選擇線 S 來控制,
選擇線為 0 開關切上方,A 的內容輸出到 Q。
選擇線為 1 開關切下方,B 的內容輸出到 Q。
此稱單條選擇線單條輸出線多工器。
本書會少用邏輯閘儘量以多工器來描述電路。

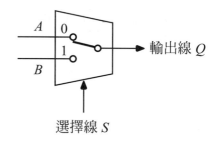

2. 選擇線擴展

二條選擇線單條輸出線。

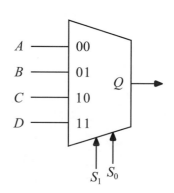

可用 3 個基本多工器將它組出如下圖

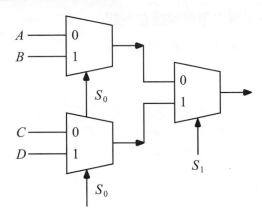

多條選擇線單條輸出線

$S=3$ 條則 8 選 1，要用 7 個基本多工器。

$S=4$ 條則 16 選 1，要用 15 個基本多工器。

$S=m$ 條則 2^m 選 1，要用 2^m-1 個基本多工器。

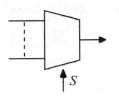

3. **輸出線擴展**

單條選擇線二條輸出線

2 個單條選擇線多工器將選擇線接在一起

選擇線爲 0 開關切上方，A 的內容輸出

選擇線爲 1 開關切下方，B 的內容輸出

A 與 B 爲 2bit 其內容可爲 00、01、10 或

11

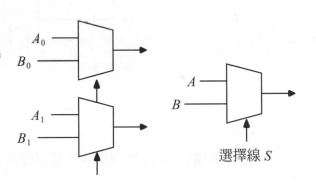

單條選擇線多條輸出線

    n 個單條選擇線多工器之選擇線接在一起

    輸出也會有 n 位元，n 越大可表示的數值

    也越大

    $n=1$ 可表示 $0\sim1$

    $n=2$ 可表示 $0\sim3$

    $n=3$ 可表示 $0\sim7$

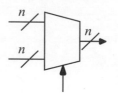

多條選擇線多條輸出線

    2 組 4 選 1 多工器選擇線接在一起

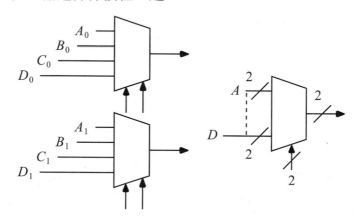

由上可歸納：m 條選擇線 n 條輸出線的多工器可由 $n\,(2^m-1)$ 個基本多工器可組成。

練習

1. 以一個單選擇線 1 位元輸出的多工器為基本多工器，則

　　　　　　個基本多工器可組成一個 2 條選擇線 1 條輸出線多工器

　　　　　　個基本多工器可組成一個 3 條選擇線 1 條輸出線多工器

　　　　　　個基本多工器可組成一個 1 條選擇線 4 條輸出線多工器

　　　　　　個基本多工器可組成一個 3 條選擇線 2 條輸出線多工器

　　　　　　個基本多工器可組成一個 4 條選擇線 3 條輸出線多工器

2. 以一個單選擇線 1 位元輸出的多工器為基本多工器，畫出 3 條選擇線 1 條輸出線多工器
   電路圖

乙級數位電子學術科解析(VHDL / Verilog 雙解)

練習答案

1.   以一個單選擇線 1 位元輸出的多工器為基本元件，則

___3___個基本多工器可組成一個 2 條選擇線 1 條輸出線多工器

___7___個基本多工器可組成一個 3 條選擇線 1 條輸出線多工器

___4___個基本多工器可組成一個 1 條選擇線 4 條輸出線多工器

___14___個基本多工器可組成一個 3 條選擇線 2 條輸出線多工器

___45___個基本多工器可組成一個 4 條選擇線 3 條輸出線多工器

2.   以一個單選擇線 1 位元輸出的多工器為基本多工器，畫出 3 條選擇線 1 條輸出線多工器
電路圖

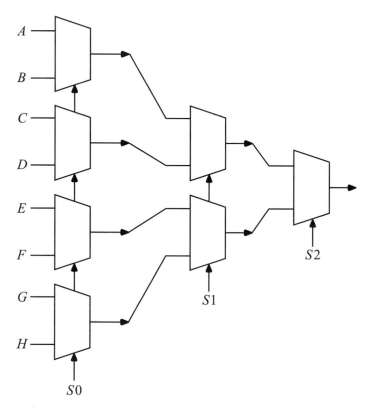

二、多工器簡化真值表

　　本小節利用多工器來簡化真值表藉以彰顯其價值。不同選擇線的多工器對真值表有不同程度的簡化，說明如下：

1.　**用一條選擇線多工器**：如左下原始真值表，將 D 當選擇線則真值表可一分為二。

原始真值表

D	C	B	A	F
0	0	0	0	0
0	0	0	1	0
0	0	1	0	1
0	0	1	1	1
0	1	0	0	0
0	1	0	1	1
0	1	1	0	1
0	1	1	1	0
1	0	0	0	0
1	0	0	1	0
1	0	1	0	1
1	0	1	1	0
1	1	0	0	1
1	1	0	1	0
1	1	1	0	1
1	1	1	1	1

將真值表一分為二

D	C	B	A	F
0	0	0	0	0
0	0	0	1	0
0	0	1	0	1
0	0	1	1	1
0	1	0	0	0
0	1	0	1	1
0	1	1	0	1
0	1	1	1	0
1	0	0	0	0
1	0	0	1	0
1	0	1	0	1
1	0	1	1	0
1	1	0	0	1
1	1	0	1	0
1	1	1	0	1
1	1	1	1	1

乙級數位電子學術科解析(VHDL / Verilog 雙解)

如下圖，分別設計二個 3 變數的真值表。

真值表 1

C	B	A	F
0	0	0	0
0	0	1	0
0	1	0	1
0	1	1	1
1	0	0	0
1	0	1	1
1	1	0	1
1	1	1	0

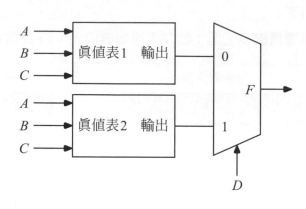

真值表 2

C	B	A	F
0	0	0	0
0	0	1	0
0	1	0	1
0	1	1	0
1	0	0	1
1	0	1	0
1	1	0	1
1	1	1	1

2. **用二條選擇線多工器**：將 DC 當選擇線則真值表一分為四，分別設計四個 2 變數的真值表。

將真值表一分為四

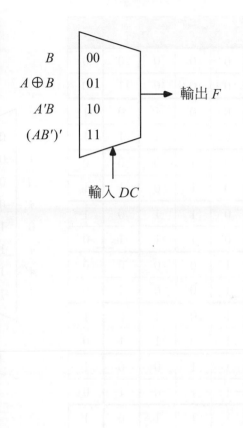

D	C	B	A	F
0	0	0	0	0
0	0	0	1	0
0	0	1	0	1
0	0	1	1	1
0	1	0	0	0
0	1	0	1	1
0	1	1	0	1
0	1	1	1	0
1	0	0	0	0
1	0	0	1	0
1	0	1	0	1
1	0	1	1	0
1	1	0	0	1
1	1	0	1	0
1	1	1	0	1
1	1	1	1	1

B 00

$A \oplus B$ 01 → 輸出 F

$A'B$ 10

$(AB')'$ 11

輸入 DC

3. **用三條選擇線多工器**：將 *DCB* 當選擇線則真值表一分為八(輸入最多只用一個反閘)。此類型統測常考，改 *DCBA* 順序有可能不必加反閘。

將真值表一分為八

D	C	B	A	F
0	0	0	0	0
0	0	0	1	0
0	0	1	0	1
0	0	1	1	1
0	1	0	0	0
0	1	0	1	1
0	1	1	0	1
0	1	1	1	0
1	0	0	0	0
1	0	0	1	0
1	0	1	0	1
1	0	1	1	0
1	1	0	0	1
1	1	0	1	0
1	1	1	0	1
1	1	1	1	1

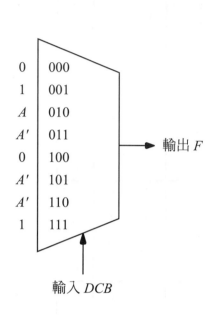

4. **用四條選擇線多工器**：將 *DCBA* 全當選擇線則輸入只接 0 (地線)與 1 (高電壓)，此即僅讀記憶體 ROM 的雛型。至此問讀者，你可以化簡 5 位元的真值表嗎？

D	C	B	A	F
0	0	0	0	0
0	0	0	1	0
0	0	1	0	1
0	0	1	1	1
0	1	0	0	0
0	1	0	1	1
0	1	1	0	1
0	1	1	1	0
1	0	0	0	0
1	0	0	1	0
1	0	1	0	1
1	0	1	1	0
1	1	0	0	1
1	1	0	1	0
1	1	1	0	1
1	1	1	1	1

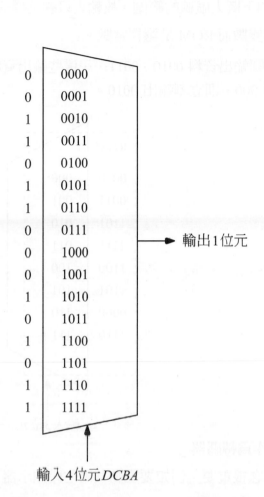

```
0   0000
0   0001
1   0010
1   0011
0   0100
1   0101
1   0110
0   0111
0   1000
0   1001
1   1010
0   1011
1   1100
0   1101
1   1110
1   1111
```

輸出1位元

輸入4位元*DCBA*

乙級數位電子學術科解析(VHDL / Verilog 雙解)

三、多工器作僅讀記憶體 ROM

將多工器左端的輸入資料在使用前即燒在晶片中(0 燒到地線，1 燒到高電壓)就成為僅讀記憶體 ROM，如下圖大虛線的範圍。故輸入只剩選擇線 S。多工器與 ROM 有何不同？講學術一點多工器是選擇變數而 ROM 是選擇常數。

例：下圖輸出資料 0010、0011……這些輸出資料是在使用前就燒在晶片中，當送電以後若輸入為 000，則立刻輸出 0010。

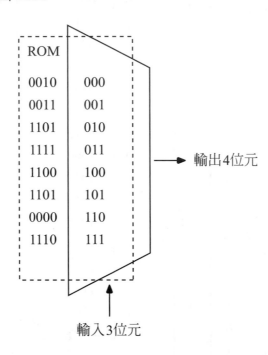

ROM 亦可作為轉碼器

轉碼器的概念很重要，例如要驅動共陽七段顯示器，就要列出輸入的 BCD 碼與輸出的七段顯示碼的真值表，如下圖表。

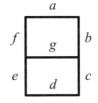

十進碼	BCD 碼	共陽 7 段顯示碼無小數點 abcdefg
0	0000	0000001
1	0001	1001111
2	0010	0010010
3	0011	0000110
4	0100	1001100
5	0101	0100100
6	0110	0100000
7	0111	0001111
8	1000	0000000
9	1001	0001100
其餘	其餘	1111111

四、ROM 完成所有組合邏輯

接下來要說明 ROM 可以做邏輯運算、算術運算、比較器等,完成所有組合邏輯。

下列例子若能弄清楚題意填出真值表即可用 ROM 設計完成,不必再做卡諾圖化簡。

投票機

A B C 三人表決通,有二人以上為 1,則輸出為 1,反之為 0。請完成右表。

A	B	C	F
0	0	0	
0	0	1	
0	1	0	
0	1	1	
1	0	0	
1	0	1	
1	1	0	
1	1	1	

金庫鎖

A 為富翁,B、C 為兒子。富翁為防止兄弟失和,設計金庫開的條件為
$F = A$ or (B and C)
請完成右表。

A	B	C	F
0	0	0	
0	0	1	
0	1	0	
0	1	1	
1	0	0	
1	0	1	
1	1	0	
1	1	1	

乙級數位電子學術科解析(VHDL / Verilog 雙解)

練習答案

投票機

ABC 三人表決通，有二人以
上為 1，則輸出為 1，反之為
0。請完成右表。

A	B	C	F
0	0	0	0
0	0	1	0
0	1	0	0
0	1	1	1
1	0	0	0
1	0	1	1
1	1	0	1
1	1	1	1

金庫鎖

A 為富翁，B、C 為兒子。
富翁為防止兄弟失和，設計
金庫開的條件為
$F=A$ or (B and C)
請完成右表。

A	B	C	F
0	0	0	0
0	0	1	0
0	1	0	0
0	1	1	1
1	0	0	1
1	0	1	1
1	1	0	1
1	1	1	1

二位元比較器

依 $A = B$；$A > B$；$A < B$ 三種情況完成下表。

A1	A0	B1	B0	=	>	<
0	0	0	0	1	0	0
0	0	0	1	0	0	1
0	0	1	0			
0	0	1	1			
0	1	0	0			
0	1	0	1			
0	1	1	0			
0	1	1	1			
1	0	0	0			
1	0	0	1			
1	0	1	0			
1	0	1	1			
1	1	0	0			
1	1	0	1			
1	1	1	0			
1	1	1	1			

乙級數位電子學術科解析(VHDL / Verilog 雙解)

練習答案

二位元比較器

A1	A0	B1	B0	=	>	<
0	0	0	0	1	0	0
0	0	0	1	0	0	1
0	0	1	0	0	0	1
0	0	1	1	0	0	1
0	1	0	0	0	1	0
0	1	0	1	1	0	0
0	1	1	0	0	0	1
0	1	1	1	0	0	1
1	0	0	0	0	1	0
1	0	0	1	0	1	0
1	0	1	0	1	0	0
1	0	1	1	0	0	1
1	1	0	0	0	1	0
1	1	0	1	0	1	0
1	1	1	0	0	1	0
1	1	1	1	1	0	0

四位元加一器

依 $Q <= A + 1$ 完成下表，若有進位到第 5 位元則不予理會。

A3	A2	A1	A0	Q3	Q2	Q1	Q0
0	0	0	0	0	0	0	1
0	0	0	1	0	0	1	0
0	0	1	0				
0	0	1	1				
0	1	0	0				
0	1	0	1				
0	1	1	0				
0	1	1	1				
1	0	0	0				
1	0	0	1				
1	0	1	0				
1	0	1	1				
1	1	0	0				
1	1	0	1				
1	1	1	0				
1	1	1	1				

乙級數位電子學術科解析(VHDL / Verilog 雙解)

練習答案

四位元加一器

A3	A2	A1	A0	Q3	Q2	Q1	Q0
0	0	0	0	0	0	0	1
0	0	0	1	0	0	1	0
0	0	1	0	0	0	1	1
0	0	1	1	0	1	0	0
0	1	0	0	0	1	0	1
0	1	0	1	0	1	1	0
0	1	1	0	0	1	1	1
0	1	1	1	1	0	0	0
1	0	0	0	1	0	0	1
1	0	0	1	1	0	1	0
1	0	1	0	1	0	1	1
1	0	1	1	1	1	0	0
1	1	0	0	1	1	0	1
1	1	0	1	1	1	1	0
1	1	1	0	1	1	1	1
1	1	1	1	0	0	0	0

　　加一器是常用的電路，以後會配合暫存器來做除頻電路。可以觀察上面真值表各位元 0 與 1 的變化，$Q3$ 的頻率是 $Q2$ 的一半、$Q2$ 的頻率是 $Q1$ 的一半、$Q1$ 的頻率是 $Q0$ 的一半。

　　綜合以上各例可知用 ROM 來做組合邏輯，依題意完成真值表才是重點，卡諾圖的化簡都不用了。我們得到一個結論：**ROM 可完成所有組合邏輯**，但輸入腳變多會變得很複雜。有規則性的組合邏輯只要宣告零件庫，告知其規則，電腦即可代勞，無規則性則要自己打入電腦。例金庫鎖可用 $F <= A$ or $(B$ and $C)$、四位元加 1 器可用 $Q <= A + 1$，但 BCD 碼轉為 7 段顯示碼則要自己用 ROM 定義。

五、閂鎖、*D* 型正反器與暫存器

1. 閂鎖

　　將多工器的輸出端拉回授可做成閂鎖，如下電路圖：從 Q 接回授到輸入端，當 $S=1$ 則 $Q=D$。當 $S=0$ 則會保持 $S=1$ 時 Q 之最後狀態，此電路稱為閂鎖(也是高態觸發的 D 型正反器)。輸出 Q 與輸入的關係如下時序圖。

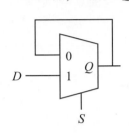
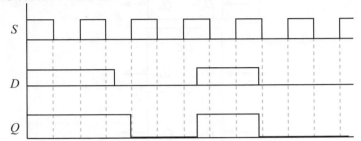

2. *D* 型正反器

　　將閂鎖的 S 訊號高態時間降到最低即成為正緣觸發的 D 型正反器。其方法有取出邏輯閘的傳遞延遲時間或其它。在此筆者不想詳加探究而用電學"微分電路"來示意會比較簡要。下圖為閂鎖增加微分電路的功能，它將輸入的時脈訊號 CK 變成正負脈衝波，負脈衝波因電壓低於地電位視為 LOW，只有當正的脈衝波來的瞬間會將 D 端的狀態鎖到輸出端 Q。此脈衝波的時間不能短到失效也不能太長，要有多短暫呢？因正反器輸出端常要拉回授到輸入端，若是加反閘拉回授到輸入端則其值要穩定不能有改變，依此推斷其時間不能大於一個多工器加反閘的傳遞延遲時間，否則後面的同步式電路論述會有問題。

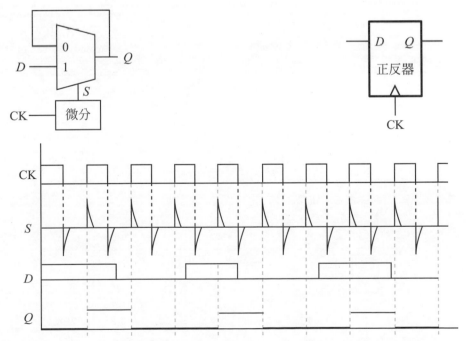

3. **暫存器**

多個 D 型正反器的 CK 接在一起即為**暫存器**，如下圖為 4 位元暫存器。

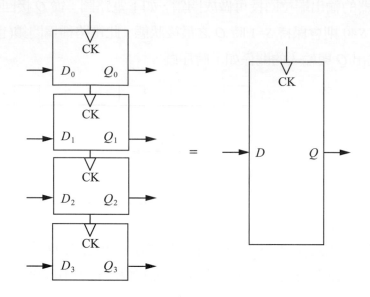

4-3 ## VHDL 的算術與邏輯運算子總表

運算子	碼	種類	說明
邏輯運算子	not	反相運算	
	and	及運算	
	or	或運算	
	nand	反及運算	
	nor	反或運算	
	xor	互斥或運算	
	xnor	互斥反或運算	
算術運算子	+	加運算	
	−	減運算	
	＊	乘運算	註 1
	/	除運算取商	註 2
	mod	除運算取餘數	註 2
連接運算子	&		用來組成足夠的位元指派給輸出變數 後面小節有練習
關係運算子	=	等於	關係運算子在 if 條件式內使用
	/=	不等於	
	<	小於	
	>	大於	
	<=	小於等於	
	>=	大於等於	

註 1：乘運算要注意其位元數，積位元數=乘數位元數+被乘數位元數。

註 2：資料格式宣告 std_logic_vector 其強項是邏輯運算，除運算尚未支援，但可用右移的方法來除 2 的整數次
方。若可改宣告 integer 其強項是算術運算，四則運算都可輕易完成，有興趣的讀者可以再繼續研究。

4-4 | VHDL 模組示例

　　各模組的主角為"<="左邊的變數。畫電路圖時習慣主角名稱要寫在方框內的右側,參考訊號要從方框的左方拉入,以下 VHDL 模組各例由簡至繁依序說明。

	名稱	VHDL 碼	電路圖
1.	指派常數	$A<=$"1001"; 0 燒到地線,1 燒到高電壓。 輸出 A 為 4 位元,會輸出 1001。	
2.	指派變數	$A<=B$; B 的資料直接指派給 A	
3.	算術運算	$A<=B+C$; B 與 C 作加法運算後結果指派給 A	
4.	邏輯運算	$A<=B$ nor C; B 與 C 作 nor 運算後結果指派給 A	

5.	比較器+
	單選擇線
	多工器
		if($S>0$) then $A<=C$;
		else $A<=B$;
		end if;
		
		if 條件式內有比較器電路,其結果用來控制單選擇線多工器。	

6.	多工器	case S is 　　when "00"=>$A<=B$; 　　when "01"=>$A<=C$; 　　when "10"=>$A<=D$; 　　when "11"=>$A<=E$; end case;	

	名稱	VHDL 碼	電路圖

7.	ROM	case *S* is
		  when "00"=>*A*<='0';
		  when "01"=>*A*<='0';
		  when "10"=>*A*<='0';
		  when "11"=>*A*<='1';
		end case;
			多工器之輸入腳可加常數或變數。
			若全加常數則稱為 ROM。
			本例為 ROM 做一個及閘

8.	閂鎖	if *S*= 1 then *Q*<=*D*; else *Q*<=*Q*; end if; 可簡化為 if *S*= 1 then *Q*<=*D*; end if; 通常在 VHDL 中不寫出的表示保持不變,即自已拉回授給自已。(單獨的 case 敘述例外,不寫出的表示使用者 don't care)	
9.	*D* 型正反器 (暫存器)	if rising_edge (CK) then *Q*<=*D*; end if; 將閂鎖選擇線的高態時間降到最低即 *D* 型正反器,在 CK 的前緣瞬間將 *D* 的值鎖到 *Q*。	 可簡化為

10.	同步式電路
	(序向邏輯)
		if rising_edge (CK)
		then
		  組合邏輯
		  描述
		end if;
		同步式電路為本書重點
		詳見下單元說明
			將多位元 *D* 型正反器的 CK 都接一起(即為暫存器),加上組合邏輯描述成為同步式電路。組合邏輯描述的傳遞時間非常短。

乙級數位電子學術科解析(VHDL / Verilog 雙解)

4-5 同步式電路

　　觀察 P4-26、P4-27 各例，例 1 到例 7 為組合邏輯，輸出不可拉回授當輸入，輸出只與輸入有關，與時間無關；例 8 與例 9 為記憶電路；例 10 為同步式電路又稱序向邏輯，其輸出不只與輸入有關也與時間有關。時脈訊號 CK 將時間軸切成片段，每一片段的輸出值由組合邏輯規畫安排並送到暫存器的輸入端，其值在 CK 前緣來時即鎖到輸出端，保存一個時脈週期。組合邏輯描述部分即上方 7 個示例的類似組合，其輸入腳可從外部取用亦可由系統輸出拉回授當輸入。

　　這裡我們延續技高數位邏輯同步式計數器的設計來將 VHDL 碼與其對應的電路做出說明。同步式計數器的設計工具不再用激勵表與狀態表，而是筆者歸納的 CS 圖(澄雄圖)，其圖型類似一般程式之流程圖，但思考方式卻不一樣。一般程式之流程圖上下有時間先後的關係，但 CS 圖不是，它是一個不折不扣的**同步式電路**方塊圖，可以據此檢視其電路功能，又可以用它寫出 VHDL 碼。

　　如何學它呢？先找一小段計數器的 VHDL 碼，將它劃成流程圖。**將無經過處理方塊的線去除及將最後處理方塊以後的線去除即是 CS 圖**。CS 圖再依形狀填上變數位元數即可改成電路圖。此電路圖完全配合 CS 圖，輸入資料由下方輸入，控制線由左方輸入，輸出變數由上方取出。以下舉三例說明：

一、三例計數器說明 CS 圖

例 1：0～15 計數器(16 模計數器)

　　本電路描述的變數為 4 位元的 Q，它會在時脈訊號 CK 來時自動遞增上數，範圍為 0000 ～1111 循環，如下圖。

　　其 VHDL 碼片段如左下，在組合邏輯處放了 $Q <= Q + 1$。將它劃成流程圖，將無經過處理方塊的線去除及將最後處理方塊以後的線去除即是 CS 圖，如下圖。CS 圖又可輕易地改成電路方塊圖，如右下圖：菱形表示加時脈 CK 並取前緣的 D 型正反器，其輸出為本模組的主角 Q。矩形為一個加法器或加一器，輸入端 Q 為從正反器輸出端拉回的訊號，寫代號會比拉線簡潔。

VHDL 碼片段   CS 圖   電路方塊圖

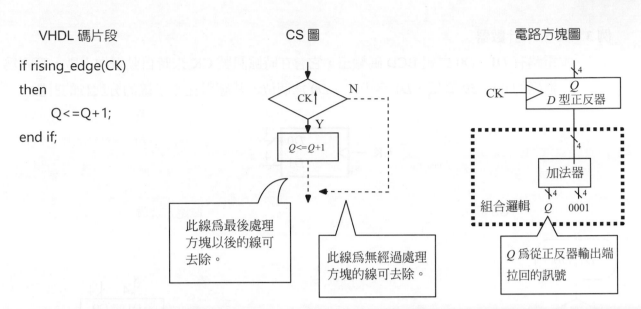

```
if rising_edge(CK)
then
    Q<=Q+1;
end if;
```

此線為最後處理方塊以後的線可去除。

此線為無經過處理方塊的線可去除。

Q 為從正反器輸出端拉回的訊號

例 2：1～6 計數器(電子骰子)

本電路修改上例使輸出 Q 會在時脈訊號 CK 來時自動遞增上數範圍為 0000～0110，接下來又從 0001～0110 循環。若在 CK 的線上接一按鈕開關，按下則接通 CK 會快速上數，放開則因無時脈，輸出 Q 會停在 0001～0110 其中一個值，故稱為電子骰子。

VHDL 碼片段如左下，在組合邏輯處又有 if 敘述，它就是比較器＋單選擇線多工器。將它劃成流程圖，將無經過處理方塊的線去除或將最後處理方塊以後的線去除即是 CS 圖，如下圖。CS 圖又可輕易地改成電路方塊圖，如右下圖。

VHDL 碼片段   CS 圖   電路方塊圖

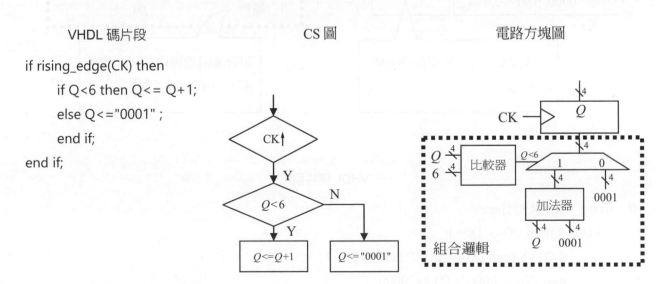

```
if rising_edge(CK) then
    if Q<6 then Q<= Q+1;
    else Q<="0001" ;
    end if;
end if;
```

乙級數位電子學術科解析(VHDL / Verilog 雙解)

例3：00～59計數器

本電路有 $D1$、$D0$ 二組 BCD 碼輸出，它會在時脈訊號 CK 來時自動遞增上數，範圍為十進碼的 00～59 循環，$D1$ 為十位、$D0$ 為個位。其應用在電子鐘的分與秒的計數。

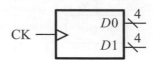

CS 圖　　　　　　　　　　　　電路方塊圖

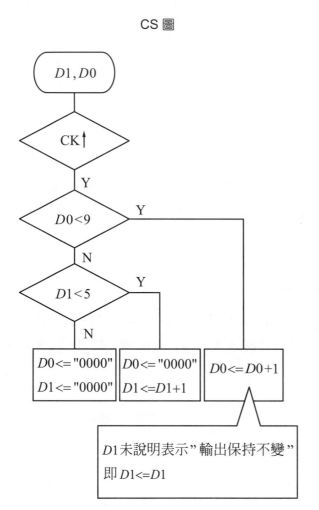

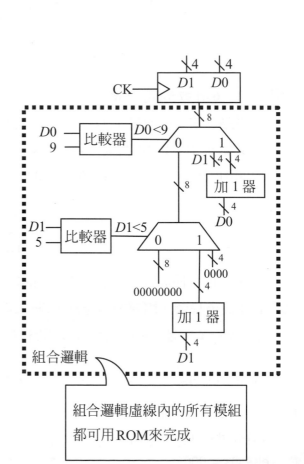

VHDL 碼片段

```
if   rising_edge (CK) then
    if D0<9 then D0<= D0+1;
    else   if D1<5 then D0<="0000" ; D1<=D1+1 ;
            else D0<="0000" ; D1<="0000" ;
            end if;
    end if;
end if;
```

二、CS 圖說明與構思原則

　　在上三例 CS 圖中 ⟨ CK↑ ⟩ 表示加時脈 CK 並取前緣的 D 型正反器(暫存器)。**一個模組只能有一組正反器**，其餘的 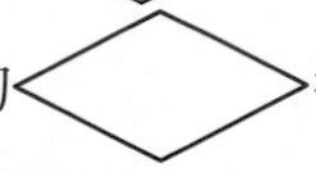 ⟨　　⟩ 都為多工器。多工器其內部會有訊號名稱或比較敘述，若為訊號名稱則以訊號值來切換多工器，統一在菱形下端拉一條水平線分段來標註分岐的情況。若為比較敘述則以比較式成立與否來切換單選擇線多工器，在菱形下、右(或左)端各拉一條線來標註分岐的情況。

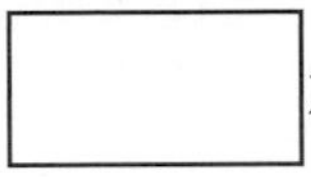

　　□ 為處理或定義變數，可為算術運算、邏輯運算、或直接指派數值(常數或變數)。

構思原則：

1. 一個同步式電路模組用一張圖，但一個模組可描述多個變數，這些變數的 CK 都接在一起。為了要使初學者弄清楚是在描述那些變數，在例三增加一般程式流程圖開始的橢圓形並填入要描述變數名稱。如上面的 00~59 計數器其輸出為 $D1$、$D0$，故橢圓形中填入 $D1$、$D0$，**處理的方塊一定只針對 $D1$、$D0$ 做描述**。

2. 路徑從上而下，若無處理的方塊或無處理的變數則輸出會保持不變。各變數的位元數可參考宣告區。

3. 用 CS 圖設計電路最好是如同這三例的**倒樹型結構**，即 D 型正反器是唯一的根、多工器是分岐的枝幹而最後的處理為葉。如此可明確地畫出對應的電路圖並清楚呈現何種條件情況下做何種處理。如例二的電子骰子用 CS 圖觀察其分岐共有三種處理：一時脈沒來則 Q 保持不變，二當時脈來時且 $Q < 6$ 做 $Q <= Q + 1$ 的處理，三當時脈來時且非 $Q < 6$ 做 $Q <=$ "0001" 的處理。

4. 因應 process 內部同一變數可重覆定義而造成非倒樹型結構，特整理如下規則：在 process 內部針對每個變數由上而下依其條件分岐化成 CS 圖，依條件檢視每一路徑若只經過一次處理就以該處理為準，若有經過二次以上處理則會以後者為準，若沒經過處理會保持不變。如後面練習 3 與練習 4 的說明。

5. 描述 n 個變數的 CS 圖亦可分成 n 個描述一個變數的 CS 圖，在此先說明如下：

CS 圖的分解：

二個變數的 CS 圖可分解成二個一變數的 CS 圖

如下為例三的 00～59 計數器，描述 D1 與 D0 二個變數。

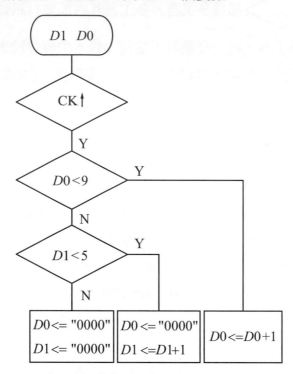

主架構不變下拆成二個一變數的 CS 圖

左下 CS 圖只描述 D0，右下 CS 圖只描述 D1

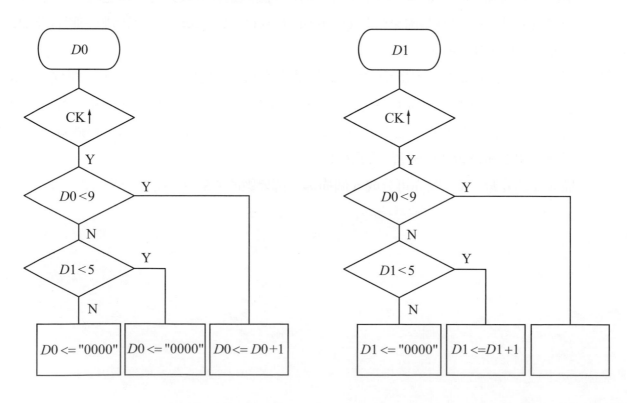

接下來，簡化各個 CS 圖，在 $D0$ 中以 $D1 < 5$ 為條件的多工器因不管結果為何都是做 $D0 <=$ "0000" 的處理，故可省略。在 $D1$ 中無改變，但以 $D0 < 9$ 為條件的多工器可改為不完整敘述會較為簡潔。

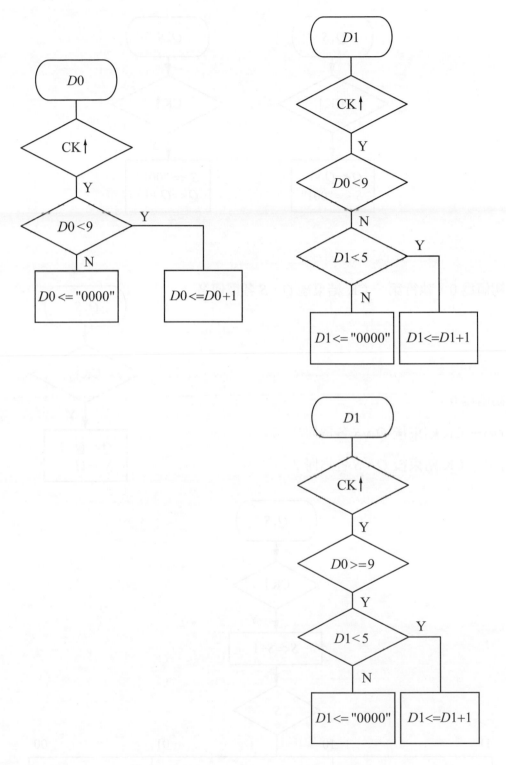

1. 下二圖執行第一 CK 結束後結果會一樣？

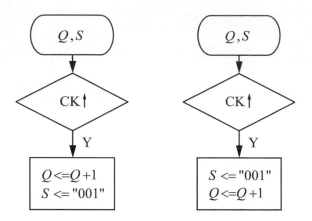

2. 右圖之初值爲 0，執行第一 CK 結束後 Q，S 各爲何？

3. 下圖之初值爲 0，

   (1) 執行第一 CK 結束後 Q，S 各爲何？

   (2) 執行第二 CK 結束後 Q，S 各爲何？

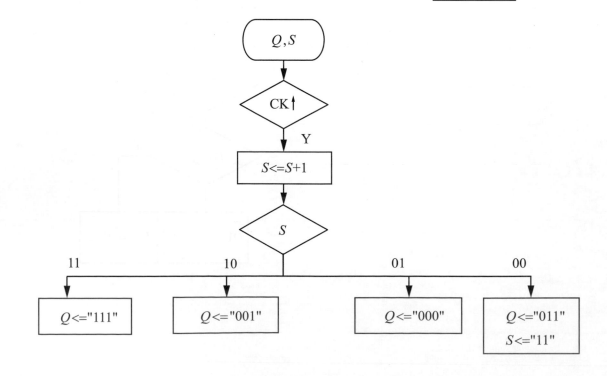

4. 將下圖化成相同功能的 CS 圖

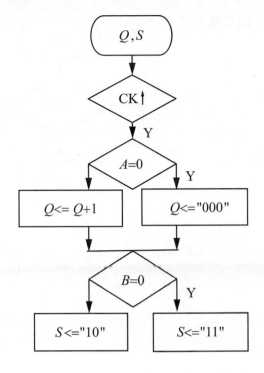

練習答案

1. 右二圖執行第一 CK 結束後結果會一樣？

   答：一樣

   (畫出電路方塊圖或拆成二個一變數的 CS 圖即可應證)

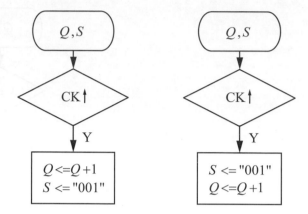

2. 右圖之初值為 0，執行第一 CK 結束後 Q，S 各為何？

   答：$Q = 1$，$S = 0$

   (畫出電路方塊圖或拆成二個一變數的 CS 圖即可應證)

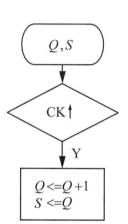

3. 下圖之初值為 0，

   (1) 執行第一 CK 結束後 Q，S 各為何？

   (2) 執行第二 CK 結束後 Q，S 各為何？

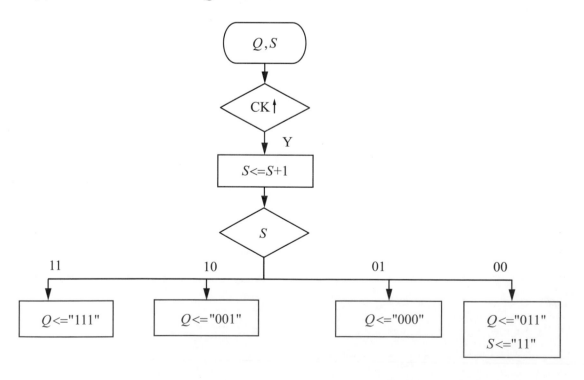

答：(一) Q = "011"，S = "11"

(二) Q = "111"，S = "00"

送電時 Q 與 S 的初值為 000 與 00。但由上而下檢視 S 切到 00 的路徑，S 先後有 $S \Leftarrow S + 1$、$S \Leftarrow$ "11" 二次定義，故編譯時電腦會以後面的 $S \Leftarrow 11$ 為主。但相同地 S 切到 01、10 與 11 的路徑上 S 只有 $S \Leftarrow S + 1$ 一次定義故就只做 $S \Leftarrow S + 1$ 的處理，上圖等同下圖。

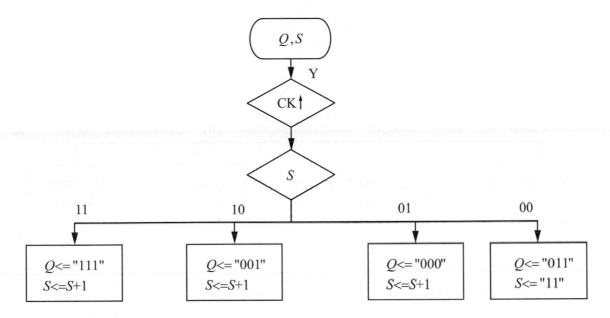

4. 將下圖化成相同功能的 CS 圖

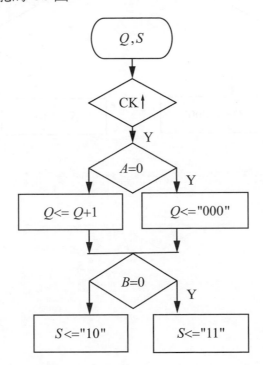

答：等同下圖。因從上而下共有四種不同的路徑，每條路徑其條件同時要符合，處理也要同時完成。上圖表示每一次 CK 來都要判斷 B 與 A 且它們又控制了 Q 與 S 二個變數。

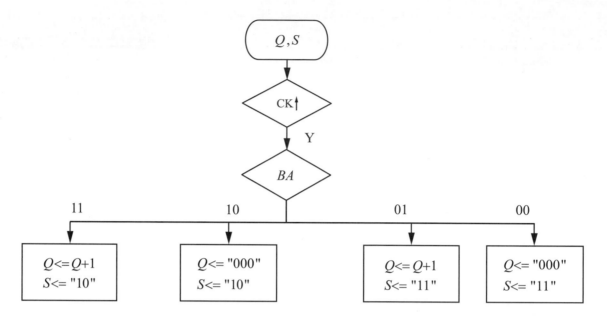

也可以化成二個獨立模組如下：

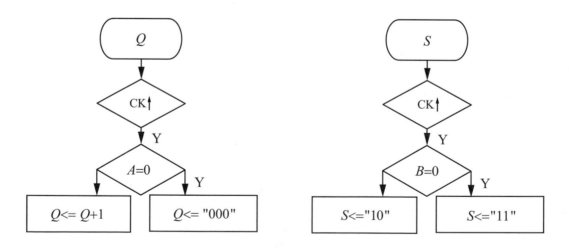

以上證明了只要邏輯通，雖有不同的描述結果仍會一樣。

三、有優先權控制腳的計數器

一般的正反器有優先權高於 CK 的控制腳 PRESET 與 CLEAR。若有輸入腳來控制正反器的 PRESET 與 CLEAR 就可以來控制輸出端為 1、0 或將主導權交給 CK。VHDL 可以用多工器的形式寫在 CK 之前來控制輸出端，其優先權就比 CK 高，而同步式電路的模型架構不必修正，將該多工器連同 CK 視為整個正反器即可。

最下圖由多工器來呈現整個電路，CLR 接腳的控制權高於 CK，當 CLR 為 1 則 Q 立刻為 0000，若 CLR 變為 0 則 Q 仍保持 0000 但輸出已改由 CK 控制，等 CK 來時 Q 值會從 0000 遞增為 0001。

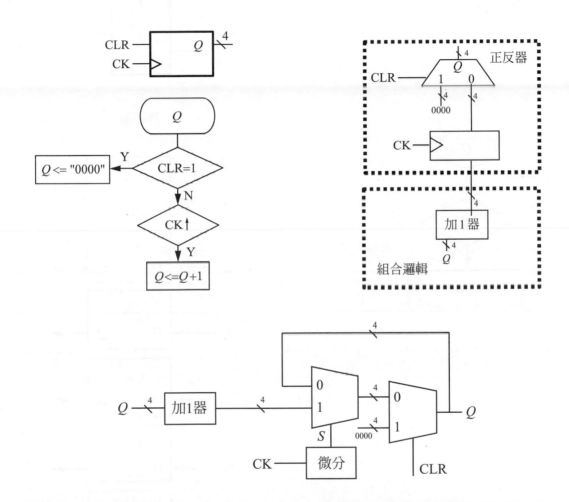

```
if clr='1' then Q<="0000" ;
else if rising_edge(CK) then
    Q<=Q+1;
    end if;
end if;
```

4-6 連接運算子"&"練習

要指派變數或常數給輸出的變數其位元數要符合其宣告的位元數否則編譯會錯誤。連接運算子"&"為 VHDL 的強項,可以用它來湊成足夠的位元數再指派給變數,讀者必需練習才會熟練。

範例如下:

併整載入

2 個 4 位元併整為一個 8 位元

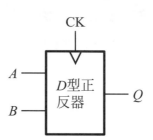

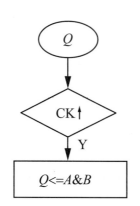

詳細圖

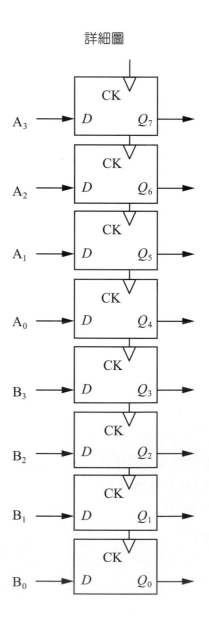

```
library IEEE;
use IEEE.std_logic_1164.all;
use IEEE.std_logic_unsigned.all;
-------------------------------------------------
Entity MG is
    port(  CK  :in   std_logic;
        A,B :in   std_logic_vector(3 downto 0);
        Q   :buffer std_logic_vector(7 downto 0));
end ;
-------------------------------------------------
architecture A of MG is
begin
process(CK)
begin
    if rising_edge(CK) then
        Q<= A & B;                          --組成 8 位元後指派給 Q
    end if;
end process;
end A;
```

4 位元左移(有*2 的效果)

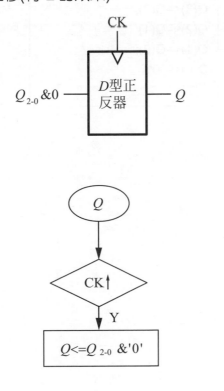

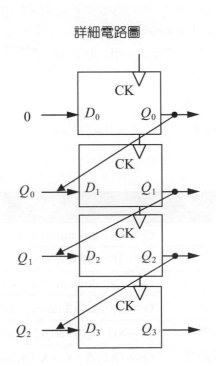

詳細電路圖

乙級數位電子學術科解析(VHDL / Verilog 雙解)

(假如初值為0001)

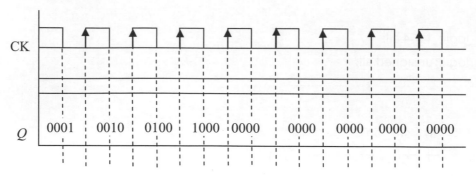

```
library IEEE;
use IEEE.std_logic_1164.all;
use IEEE.std_logic_unsigned.all;
------------------------------------------------
Entity L_S is
    port(  CK  :in   std_logic;
              Q   :buffer std_logic_vector(3 downto 0));
end ;
------------------------------------------------
architecture ARCH of L_S is
begin
process(CK)
begin
    if rising_edge(CK) then
       Q<= Q(2 downto 0) & '0';
    end if;
end process;
end ARCH;
```

等同
Q(3)<=Q(2);
Q(2)<=Q(1);
Q(1)<=Q(0);
Q(0)<= '0';
四列

其它例子

功能說明	範例
*2	Q<= Q(2 downto 0) & '0'
/2	Q<= '0'&Q(3 downto 1)
4 位元左旋	Q<= Q(2 downto 0) & Q(3)
4 位元右旋	Q<=Q(0)& Q(3 downto 1)
強森計數器	Q<=NOT Q(0) &Q(3 downto 1)
高低位元調換	Q<= Q(0) & Q(1) & Q(2) & Q(3)

4-7 狀態機

　　微處理機中有程式計數器 pc 來引導處理流程，VHDL 也可以用狀態變數來控制多工器而達到引導處理流程的目的，此電路型態稱爲狀態機。如下 CS 圖中變數 S 用其值來切換多工器使得每個時間只能從四個路徑(狀態)擇一輸出，故稱 S 爲狀態變數。而變數 Q 配合狀態變數在不同的狀態做不同的處理，將它稱爲輸出變數。通常狀態變數只有一個，而輸出變數可以多個。

　　條件式 R=1 中 R 爲一個輸入訊號，其優先權比時脈訊號還高。電源端加上微分電路可使送電後 R 有一瞬間爲高電壓，它用來確保狀態機會從狀態 0 開始，故稱 R 爲重置訊號。若確定送電後 S 初值爲 0 則重置訊號的敘述可以省略。

　　設計電路要分析歸納出處理的先後順序，再用狀態變數去引導。處理的狀態越多狀態變數的位元數就要越多，每個狀態要有離開的機制與明確的處理(狀態功能可在狀態值旁註明以增加可讀性)，沒用到的狀態碼可用 when others =>null 概括，表示不會進到該狀態，不然編譯會錯。

　　本例 S 爲二位元有四個狀態，每狀態只停一個時脈時間，Q 的輸出會從 000、001、011、111 依序呈現，處理到最後一個狀態時又安排返回狀態 0，所以構成一個無窮迴圈。

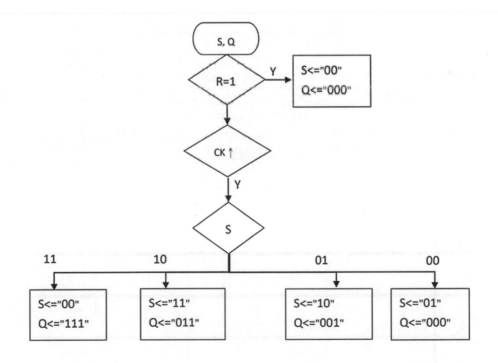

乙級數位電子學術科解析(VHDL / Verilog 雙解)

VHDL 碼片段

```
If R ='1' Then s<="00"; Q<="000";
else if   rising_edge(ck)   Then
        case s is
            when "00"=>s<="01";Q<="000";
            when "01"=>s<="10";Q<="001";
            when "10"=>s<="11";Q<="011";
            when "11"=>s<="00";Q<="111";
        end case;
    end if;
end if;
```

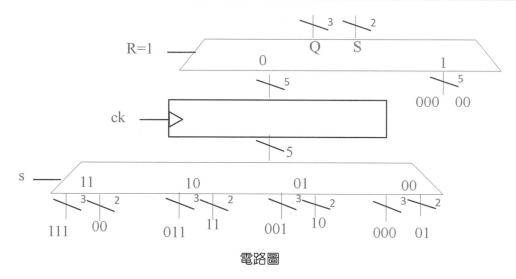

電路圖

由電路圖可得時序圖如下：

R						
CK						
S	00	01	10	11	00	01
Q	000	000	001	011	111	000

　　本例宜先觀察 S 列的值，接下來用 S 與 Q 的內容要在時脈來同時出現的規則來觀察 Q 列的值是否正確。狀態機的變化很多，本次數乙二題都是用狀態機來解題，讀者應多練習。

4-8 | VHDL 模組練習

本單元的練習由簡而繁,算是總驗收,讀者務必要動腦思考一定會有收穫。

練習 1

```
        ┌──────────┐
        │    Q     │
        └──────────┘
             │
             ▼
          ╱     ╲
         ╱  CK↑  ╲
         ╲       ╱
          ╲     ╱
             │ Y
             ▼
        ┌──────────┐
        │  Q<=Q+3  │
        └──────────┘
```

依上 CS圖,完成下列時序圖

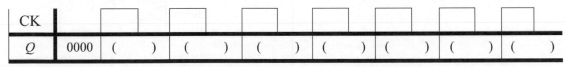

寫出 vhdl 碼   電路方塊圖

乙級數位電子學術科解析(VHDL / Verilog 雙解)

練習 1 答案

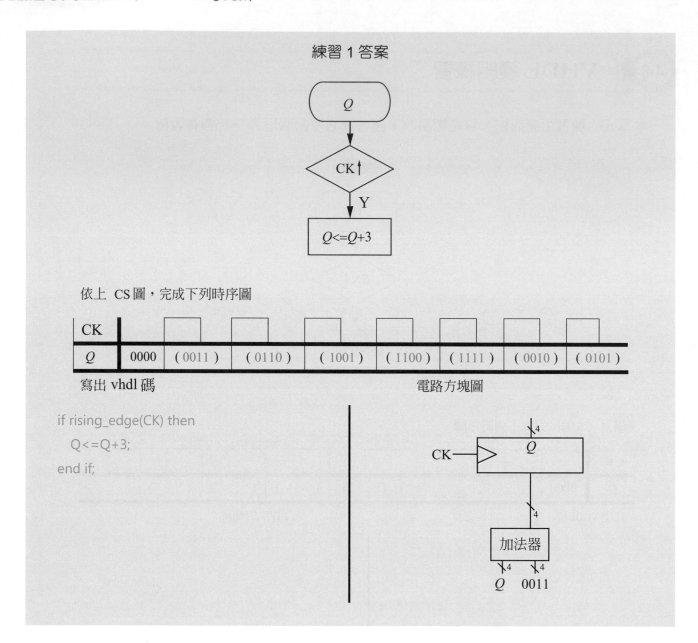

依上 CS圖，完成下列時序圖

CK								
Q	0000	(0011)	(0110)	(1001)	(1100)	(1111)	(0010)	(0101)

寫出 vhdl 碼   電路方塊圖

if rising_edge(CK) then
   Q<=Q+3;
end if;

練習 2

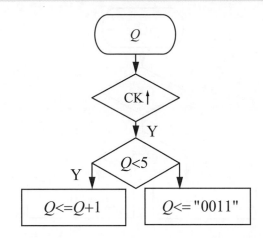

依上 CS圖，完成下列時序圖

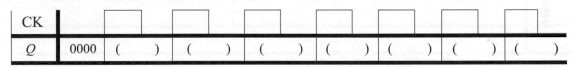

寫出 vhdl 碼   電路方塊圖

乙級數位電子學術科解析(VHDL / Verilog 雙解)

練習 2 答案

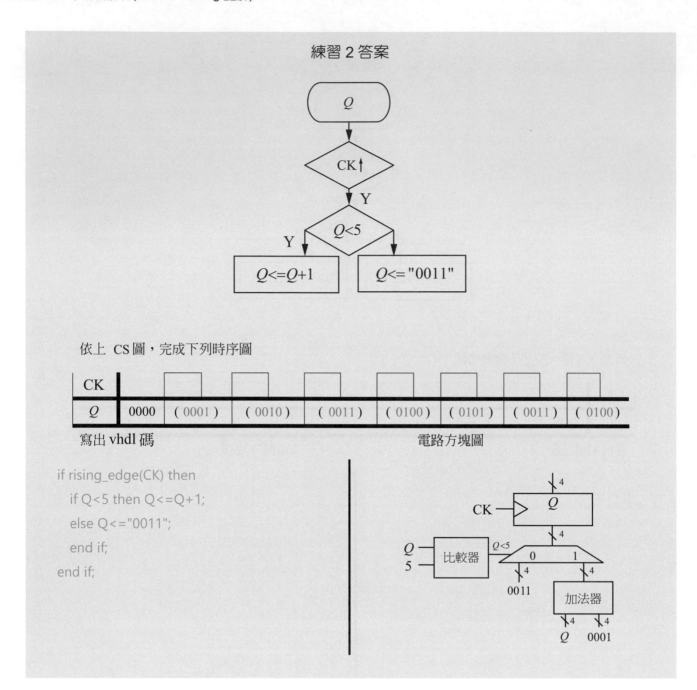

依上 CS圖，完成下列時序圖

CK							
Q	0000	(0001)	(0010)	(0011)	(0100)	(0101)	(0011)	(0100)

寫出 vhdl 碼   電路方塊圖

```
if rising_edge(CK) then
    if Q<5 then Q<=Q+1;
    else Q<="0011";
    end if;
end if;
```

練習 2 答案

練習 3

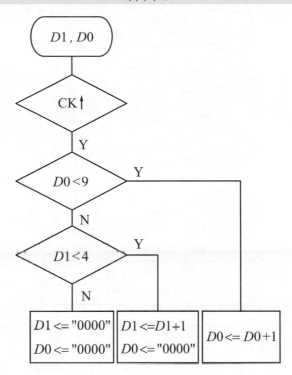

依上 CS 圖，完成下列時序圖

CK								
D1	0100	( )	( )	( )	( )	( )	( )	( )
D0	0111	( )	( )	( )	( )	( )	( )	( )

寫出 vhdl 碼   電路方塊圖

乙級數位電子學術科解析(VHDL / Verilog 雙解)

練習 3 答案

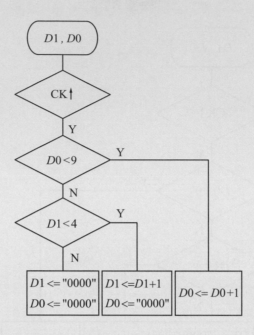

依上 CS圖，完成下列時序圖

CK								
D1	0100	(0100)	(0100)	(0000)	(0000)	(0000)	(0000)	(0000)
D0	0111	(1000)	(1001)	(0000)	(0001)	(0010)	(0011)	(0100)

寫出 vhdl 碼

```
if   rising_edge(CK) then
   if D0<9 then D0<= D0+1;
   else    if D1<4    then D1<=D1+1 ;
                          D0<="0000" ;
           else D1<="0000" ; D0<="0000" ;
           end if;
   end if;
end if;
```

電路方塊圖

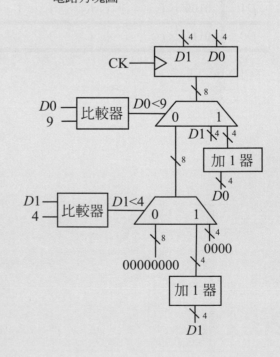

練習 4

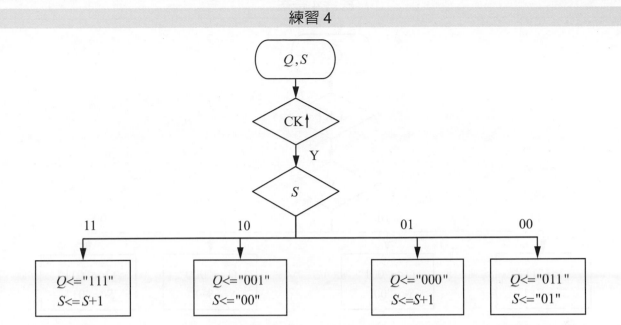

依上 CS 圖，完成下列時序圖

CK						
S	00	(01)	( )	( )	( )	( )
Q	000	( )	( )	( )	( )	( )

寫出 vhdl 碼

乙級數位電子學術科解析(VHDL / Verilog 雙解)

練習 4 答案

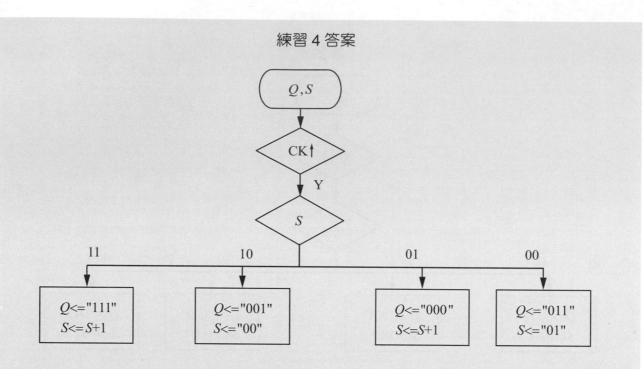

依上 CS 圖，完成下列時序圖

本題是狀態機，宜先完成 S 列的值，接下來用方框中 S 與 Q 的內容要同時出現的
規則來完成 Q 列的值。

CK						
S	00	(01)	(10)	(00)	(01)	(10)
Q	000	(011)	(000)	(001)	(011)	(000)

寫出 vhdl 碼

```
If   rising_edge(CK)   then
    case s is
        when "00"=>Q<="011";S<="01";
        when "01"=> Q<="000";S<=s+1;
        when "10"=> Q<="001";S<="00";
        when others => Q<="111";S<=S+1;
    end case;
end if;
```

練習 5

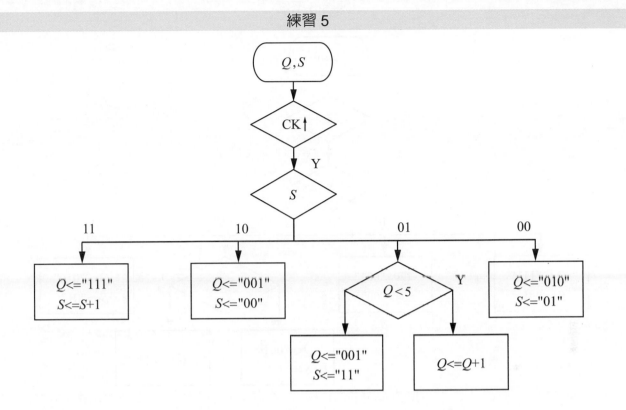

依上 CS 圖，完成下列時序圖

CK								
S	00	(01)	( )	( )	( )	( )	( )	( )
Q	000	( )	( )	( )	( )	( )	( )	( )

寫出 vhdl 碼

練習 5 答案

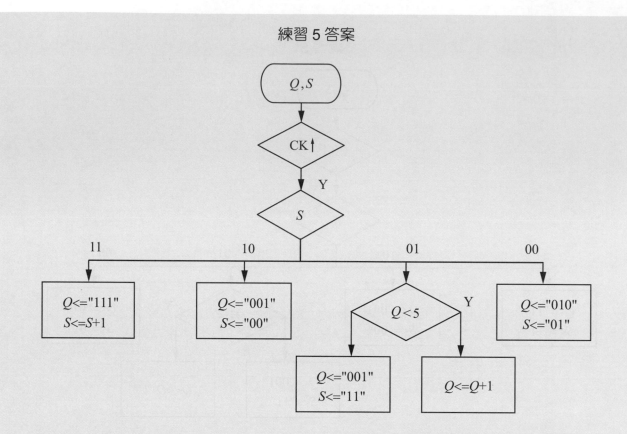

依上 CS 圖，完成下列時序圖

本題也是狀態機，但狀態 01 時 S 要等 $Q \geq 5$ 出現後才跳到 11。

CK							
S	00	(01)	(01)	(01)	(01)	(11)	(00)	(01)
Q	000	(010)	(011)	(100)	(101)	(001)	(111)	(010)

寫出 vhdl 碼

```
if   rising_edge(CK)   then
    case s is
        when "00"=>Q<="010";S<="01";
        when "01"=> if Q<5 then Q<=Q+1;
                    else Q<="001";S<="11";
                    end if;
        when "10"=> Q<="001";S<="00";
        when others => Q<="111";S<=S+1;
    end case;
end if;
```

練習 6

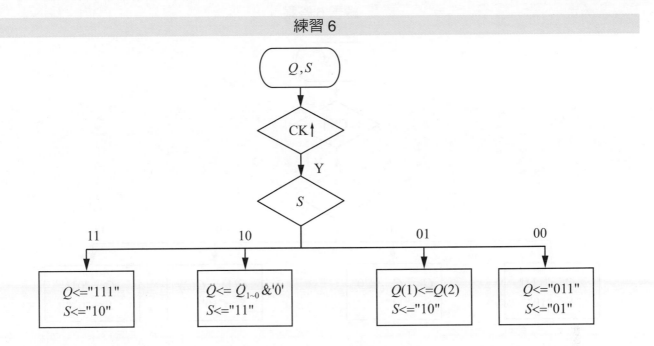

依上 CS圖，完成下列時序圖

CK										
S	00	(01)	(	)	(	)	(	)	(	)
Q	000	(	)	(	)	(	)	(	)	(	)

畫出電路方塊圖

練習 6 答案

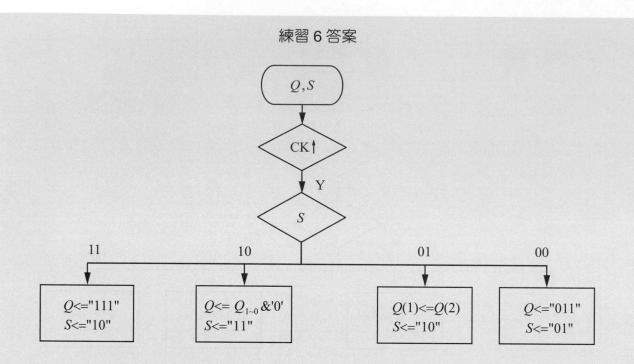

依上 CS 圖，完成下列時序圖

CK						
S	00	(01)	(10)	(11)	(10)	(11)
Q	000	(011)	(001)	(010)	(111)	(110)

畫出電路方塊圖

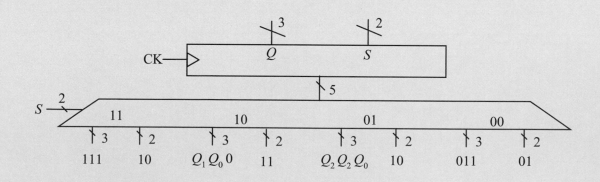

練習 7

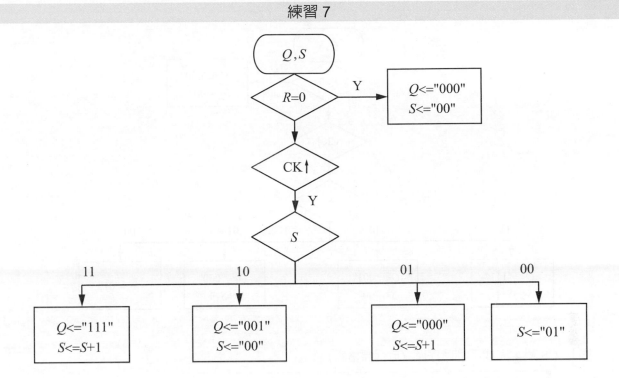

依上 CS圖，完成下列時序圖 (自行標格線)

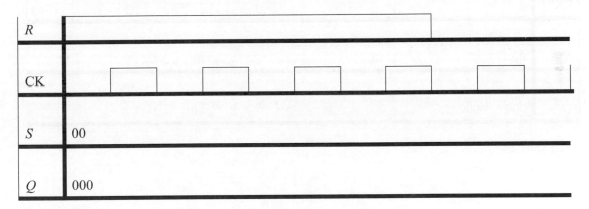

寫出 vhdl 碼

乙級數位電子學術科解析(VHDL / Verilog 雙解)

練習 7 答案

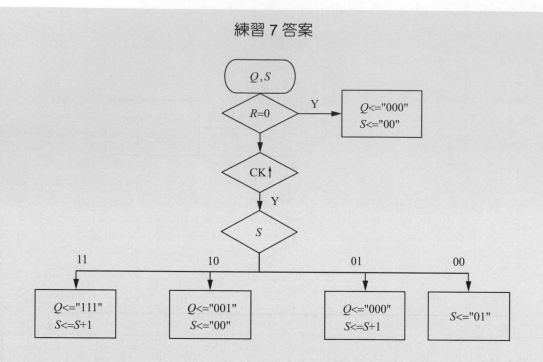

依上 CS 圖，完成下列時序圖 (自行標格線)

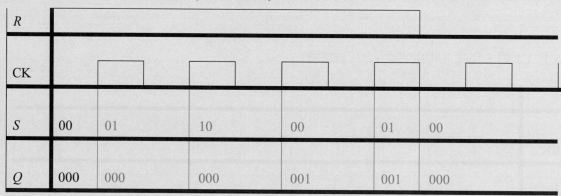

R							
CK							
S	00	01	10	00	01	00	
Q	000	000	000	001	001	000	

寫出 vhdl 碼

if   R =   '0' then Q<="000";S<="00";-- 條件式中，多位元的值可直接用數字
                              ;-- 但單一位元的值需用單引號包起來

else if   rising_edge(CK)   then

    case s is

        when "00"=>S<="01";

        when "01"=> Q<="000";S<=S+1;

        when "10"=> Q<="001";S<="00";

        when others => Q<="111";S<=S+1;

    end case;

     end if;

end if;

練習 8

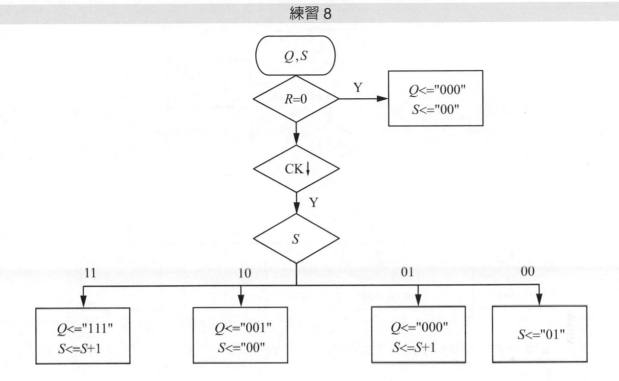

依上 CS圖,完成下列時序圖 (自行標格線)

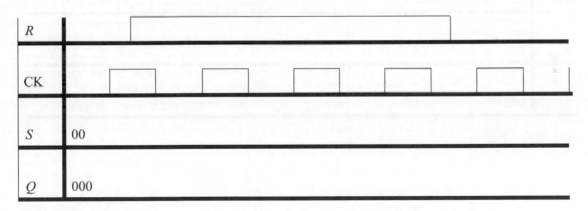

畫出電路方塊圖

練習 8 答案

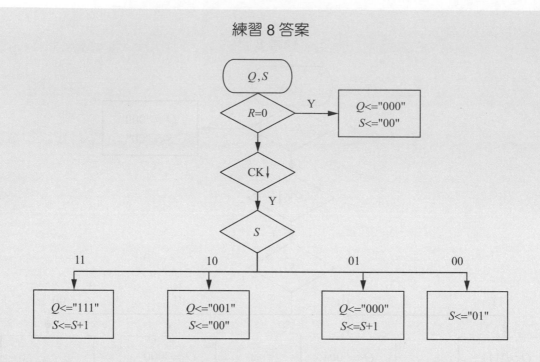

依上 CS圖，完成下列時序圖 (自行標格線)

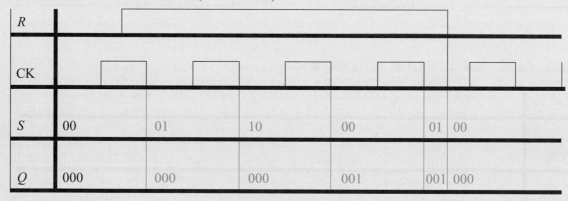

R						
CK						
S	00	01	10	00	01	00
Q	000	000	000	001	001	000

畫出電路方塊圖

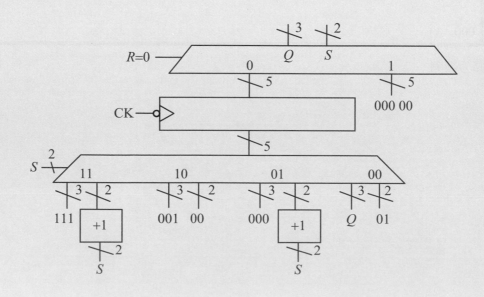

練習 9

將下列狀態圖用 CS 圖取代

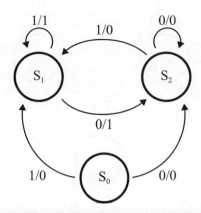

CS 圖：

練習 9 答案

將下列狀態圖用 CS 圖取代

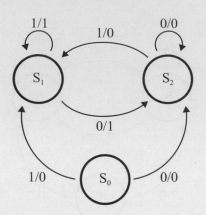

CS 圖：

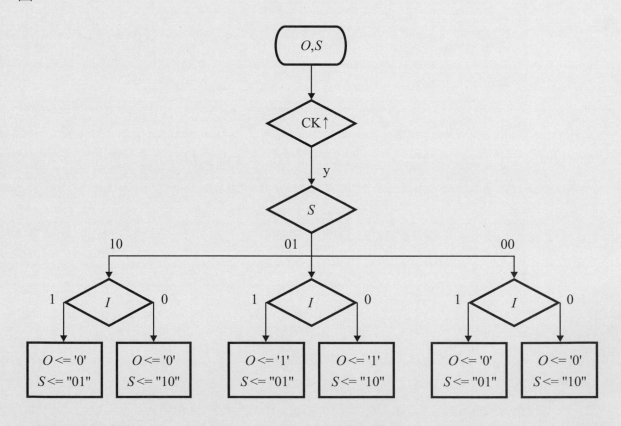

　　本例說明狀態圖可用 CS 圖取代。CS 圖中 I 為輸入變數，O 為輸出變數、S 為狀態變數。雖然 CS 圖大了一點但無交錯的箭頭，不再眼花撩亂。各狀態在各條件時作何處理一目了然，更可寫出 VHDL 碼、畫出其電路圖與時序圖。本例 S 有二位元會有狀態 3，不列出表示不會進入該狀態但實務上可將狀態 3 引導到狀態 0，輸出亦為 0，如此可防止誤入該狀態而造成當機。

CHAPTER

05

乙級數位電子術科
試題解析

第一題　四位數顯示裝置.......................................5-2

第二題　鍵盤掃瞄裝置...5-7

Verilog 解題對照...5-14

乙級數位電子學術科解析(VHDL / Verilog 雙解)

四位數顯示裝置

以下為第一題原圖。

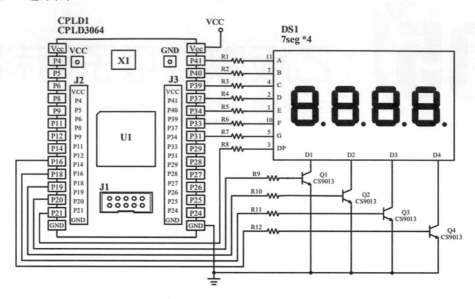

但它只是參考圖我們要做些修改如下圖：VCC 不需呈現故去除，電阻 R1 到 R8 為 220，R9 到 R12 為 2k2，阻值大小要標示清楚。

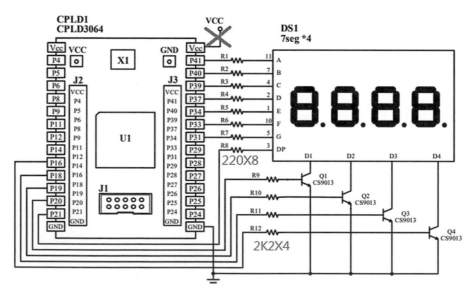

第一題解題如下：

以呈現 1.234 在四位七段共陰顯示器上為例

```
library IEEE; --第一題：四位數顯示裝置
Use IEEE.std_logic_1164.all;
Use IEEE.std_logic_unsigned.all;
Entity no1 is
    Port(
        ck:in std_logic;
        s:buffer std_logic_vector(3 downto 0);
        a:buffer std_logic_vector(7 downto 0) );
End;
Architecture A of no1 is
signal t: std_logic_vector(13 downto 0);
begin

Process(ck)
begin
if rising_edge(ck) then t<=t+1; end if;--除頻電路

if rising_edge(t(13)) Then --狀態機模組，七段為共陰亮為 1
    case s is                        --"abcdefg."
    when "0001"=>s<="0010";a<="11110010";--@D1:3
    when "0010"=>s<="0100";a<="11011010";--@D2:2
    when "0100"=>s<="1000";a<="01100001";--@D3:1.
    when others=>s<="0001";a<="01100110";--@D0:4
    end case;
end if;
end process;
end;
```

乙級數位電子學術科解析(VHDL / Verilog 雙解)

VHDL 碼與實際電路對照圖：

```
library IEEE; --第一題：四位數顯示裝置
Use IEEE.std_logic_1164.all;
Use IEEE.std_logic_unsigned.all;
Entity no1 is
  Port(
    ck:in std_logic;
    s:buffer std_logic_vector(3 downto 0);
    a:buffer std_logic_vector(7 downto 0) );
End;
Architecture A of no1 is
signal t: std_logic_vector(13 downto 0);
begin

Process(ck)
begin
if rising_edge(ck) then t<=t+1; end if;--除頻電路          A

if rising_edge(t(13)) Then --狀態機模組，七段為共陰亮為 1    B
    case s is                     --"abcdefg."
    when "0001"=>s<="0010";a<="11110010";--@D1:3
    when "0010"=>s<="0100";a<="11011010";--@D2:2
    when "0100"=>s<="1000";a<="01100001";--@D3:1.
    when others=>s<="0001";a<="01100110";--@D0:4
    end case;
end if;
end process;
end;
```

方塊圖

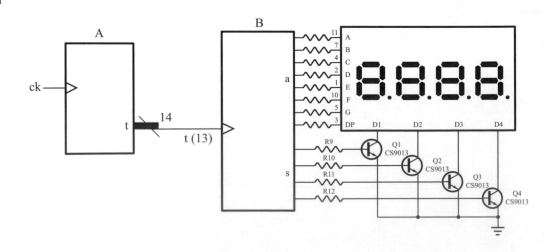

第一題

各模組內部電路圖

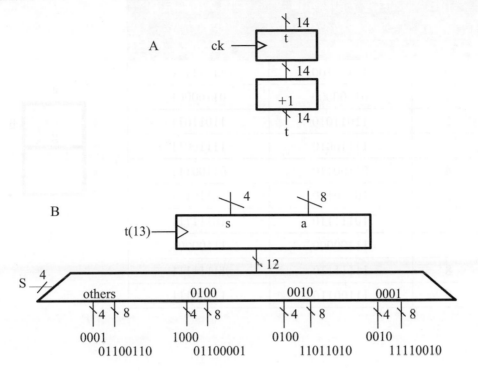

第一題說明如下：共有 AB 二大模組。

A 為除頻電路，輸入腳 ck 頻率為 4MHz，除以 2 的 14 次方輸出，輸出腳 t(13)的頻率約為 250Hz，週期約為 4ms。晶片的控制訊號 a 與 s 都是同時送出，但因電晶體的延遲到達七段顯示器的時間並不一致，故要降低時脈頻率來減少各位數字相互重疊的時間，字形才不會模糊。

B 為狀態機模組，狀態變數為 s。送電後 s 的初值始 0000 會進入 others 狀態，以後就安排在 0001、0010、0100 與 1000(others)四個狀態輪流，而且剛好用它的輸出值來作四位七段顯示器的掃瞄訊號。四個狀態掃一輪約為 4ms*4=16ms，每秒約掃了 63 次，遠高於人的視覺暫停下限每秒 16 次故不會有閃爍的情況。本例設計呈現 1.234 在四位七段顯示器上，故當 s 輸出 0001 的同時七段訊號 a 要輸出個位的資料 4 的字型、當 s 輸出 0010 的同時 a 要輸出十位的資料 3 的字型、當 s 輸出 0100 的同時 a 要輸出百位的資料 2 的字型、當 s 輸出 1000 的同時 a 要輸出千位的資料 1 加小數點的字型。共同腳給 1 則電晶體導通七段顯示器接地通電，此七段為共陰，亮為 1、不亮為 0。排列由左到右為 abcdefg.故 1.的字碼為 01100001 而 2 的字碼為 11011010。下表為共陰各數字的七段顯示碼，要注意 7、9 二碼都是較少筆劃，請讀者依題意自行多加練習。

十進碼	共陰 7 段顯示碼 小數點不亮 abcdefg.	共陰 7 段顯示碼 小數點亮 abcdefg.
0	11111100	11111101
1	01100000	01100001
2	11011010	11011011
3	11110010	11110011
4	01100110	01100111
5	10110110	10110111
6	10111110	10111111
7	11100000	11100001
8	11111110	11111111
9	11100110	11100111

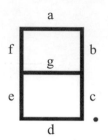

第二題 鍵盤輸入顯示裝置

以下為第二題原圖。

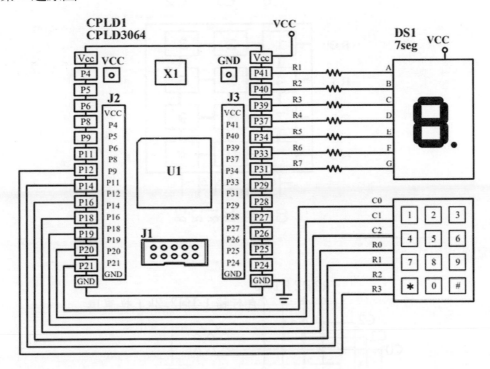

　　同樣以抽到 J 組為例。如下為第二題修正圖，接地符號不需呈現故去除，電阻 R1 到 R7 為 220，另外要額外加三個 2k2 的下拉電阻供按鍵取值用，請在試題本上做記號。

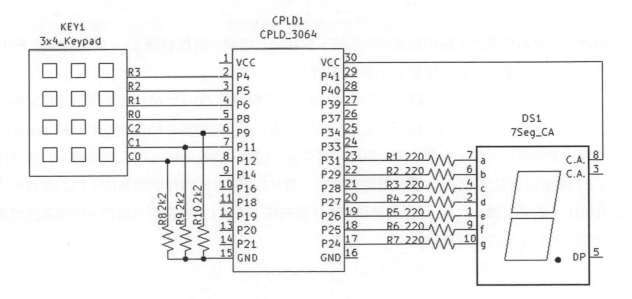

　　首先說明 3×4 鍵盤結構。如下圖它由 3 條行線(C0～C2)與 4 條列線(R0～R3)垂直交會所組成，有按鍵時才會接通，若按下 1 鍵則 C0 與 R0 會接通，按下 5 鍵則 C1 與 R1 會接通，餘此類推。腳位 1～7 即 C0～C2 與 R0～R3 依序排列。

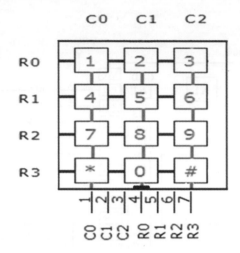

　　解題方塊圖：

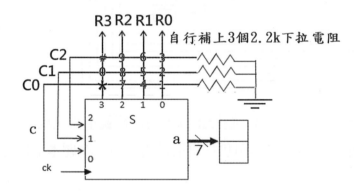

　　方塊為按鍵取值電路。輸出鍵盤控制訊號 s 與共陽七段顯示器控制碼 a。a 的值會依上方 12 個鍵按下而有不同的值。輸入時脈 t(13)與 C 訊號。

　　按鍵取值電路用訊號 s 接到鍵盤的列線 R0~R3。C 為鍵盤的 C0~C2 接到接地電阻後拉回的訊號線，其未按鍵時 C 正常會低電位。沿用第一題用訊號 s 當狀態變數並輸出到控制列線 R0~R3，送電時各變數初值為 0 故 a 會使共陽七段顯示器全亮，變數 s 會從 others 進入狀態機，以後依序在 R0~R3 間送出高電位。當 R0 送出高電位時若 1 鍵被按下則 C0 會得到高電位，控制電路偵測出 a 就輸出 1 的字型碼。當 R1 送出高電位時若 5 鍵被按下，則 C1 會得到高電位，控制電路偵測出 a 就輸出 5 的字型碼，餘此類推。

第二題解題如下：以抽到顯示 J 組字型為例。

```
library ieee;--4*3 鍵盤控制電路
use ieee.std_logic_1164.all;
use ieee.std_logic_unsigned.all;
entity no2 is
    port(ck :in std_logic;
            s :buffer std_logic_vector(3 downto 0);
            a :buffer std_logic_vector(6 downto 0);
            c :in std_logic_vector(2 downto 0));
end;
architecture a of no2 is
begin
process(ck)
begin
if rising_edge(ck) then --按鍵取值電路
case s is                              --abcdefg
when "0001"=>s<="0010";if c ="001" then a<="1001111";end if;--1
                    if c ="010" then a<="0010010";end if;--2
                    if c ="100" then a<="0000110";end if;--3
when "0010"=>s<="0100";if c ="001" then a<="1001100";end if;--4
                    if c ="010" then a<="0100100";end if;--5
                    if c ="100" then a<="0100000";end if;--6
when "0100"=>s<="1000";if c ="001" then a<="0001111";end if;--7
                    if c ="010" then a<="0000000";end if;--8
                    if c ="100" then a<="0001100";end if;--9
when others=>s<="0001";if c ="001" then a<="1110010";end if;--*
                    if c ="010" then a<="0000001";end if;--0
                    if c ="100" then a<="1100110";end if;--#
end case;
end if;
end process;
end ;
```

乙級數位電子學術科解析(VHDL / Verilog 雙解)

VHDL 碼與實際電路對照圖。

本題電路只有一個模組如下：

```
if rising_edge(ck) then --按鍵取值電路
case s is                                  --abcdefg
when "0001"=>s<="0010";if c ="001" then a<="1001111";end if;--1
                      if c ="010" then a<="0010010";end if;--2
                      if c ="100" then a<="0000110";end if;--3
when "0010"=>s<="0100";if c ="001" then a<="1001100";end if;--4
                      if c ="010" then a<="0100100";end if;--5
                      if c ="100" then a<="0100000";end if;--6
when "0100"=>s<="1000";if c ="001" then a<="0001111";end if;--7
                      if c ="010" then a<="0000000";end if;--8
                      if c ="100" then a<="0001100";end if;--9
when others=>s<="0001";if c ="001" then a<="1110010";end if;--*
                      if c ="010" then a<="0000001";end if;--0
                      if c ="100" then a<="1100110";end if;--#
end case;
end if;
```

其內容亦可改成如下：

```
if rising_edge(ck) then --按鍵取值電路
case s is
when "0001"=>s<="0010" ;if c="100" then a<="0000110";
                        elsif c="010" then a<="0010010";
                        elsif c="001" then a<="1001111";end if;
when "0010"=>s<="0100" ;if c="100" then a<="0100000";
                        elsif c="010" then a<="0100100";
                        elsif c="001" then a<="1001100";end if;
when "0100"=>s<="1000" ;if c="100" then a<="0001100";
                        elsif c="010" then a<="0000000";
                        elsif c="001" then a<="0001111";end if;
when others=>s<="0001" ;if c="100" then a<="1100110";
                        elsif c="010" then a<="0000001";
                        elsif c="001" then a<="1110010";end if;
end case;
end if;
```

用 cs 圖說明如下：

　　因篇幅關係將模組拆成二張 CS 圖，一張主角是 a，一張主角是 s。

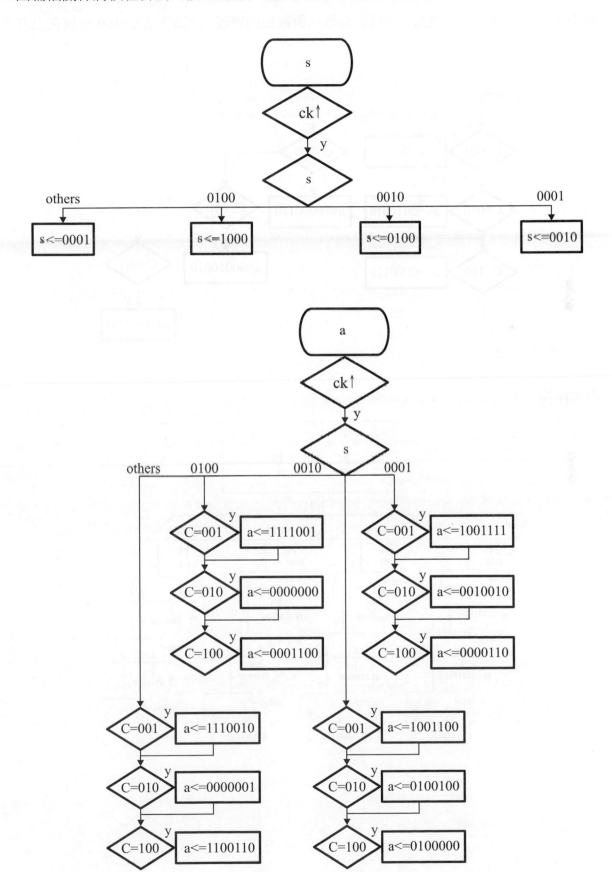

乙級數位電子學術科解析(VHDL / Verilog 雙解)

　　上面的 CS 圖非倒樹型結構不易畫成電路圖，但依邏輯來看可將下左圖改成下右圖即可畫成電路圖，但篇幅會變大。下右圖是優先編碼的架構，誰先誰後要弄清楚，如果三個條件都成立則因為硬體描述語言有後敘述覆蓋前敘述的特性只做最後的處理，故條件式 C=100 要放在上方才正確。

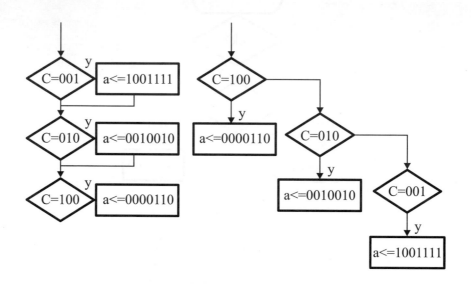

　　故電路如下：

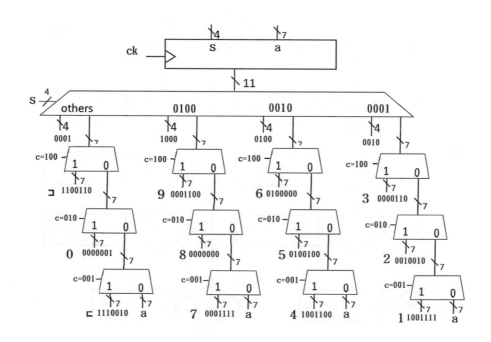

下表列出無小數點共陽 7 段顯示碼，請讀者務必熟練。

呈現字碼	無小數點共陽 7 段顯示碼 abcdefg
0	0000001
1	1001111
2	0010010
3	0000110
4	1001100
5	0100100
6	0100000
7	0001111
8	0000000
9	0001100
c	1110010
S	1100110
E	0111100
∃	0011110
E	0110000
H	1001000
⊓	0011101
U	1100011
∃	0000111
[	0110001

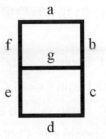

乙級數位電子學術科解析(VHDL / Verilog 雙解)

Verilog 解題對照

有鑑於業界與學界使用 Verilog 語言者不少，故在此提供 Verilog 與 VHDL 的解題對照給讀者參考。以下為對應第一題的 Verilog 碼：

```
module no1(input ck,output reg[3:0] s,output reg[7:0] a);//  第一題：顯示 1.234
reg [13:0] t;
always@(posedge ck ) t<=t+1; //除頻電路                          A

always@(posedge t[13]) //狀態機模組，七段為共陰亮為 1            B
    case(s)                          //abcdefg.
      4'b0001: begin s<=4'b0010;a<=8'b11110010;end //@D1:3
      4'b0010: begin s<=4'b0100;a<=8'b11011010;end //@D2:2
      4'b0100: begin s<=4'b1000;a<=8'b01100001;end //@D3:1.
      default: begin s<=4'b0001;a<=8'b01100110;end //@D0:4
    endcase
endmodule
```

說明如下：

1：Verilog 數值很像 c 語言其大小寫是有分的。

2：Verilog 的註解為 //。

3：二個以上的處理敘述要用 begin end 包起來。

4：if 語法已無 then 與 end if。即 if(條件式)處理敘述 1; else 處理敘述 2; 。

5：Verilog 不需宣告零件庫。

6：條件式的等於是==。

7：verilog 數值轉換靈活，例：4 位元二進制數值 4'b0100=4(就直接寫 4 即可)

讀者在編寫 Verilog 碼時可以開啟如下樣版路徑：

Verilog HDL>Full Designs>State Machines>Safe State Machine 則所有的關鍵字都可以找得到。

以下為 VHDL 碼與 Verilog 的解題對照。

乙級數位電子學術科解析(VHDL / Verilog 雙解)

第一題

• VHDL

```vhdl
library IEEE; --第一題：顯示 1.234
Use IEEE.std_logic_1164.all;
Use IEEE.std_logic_unsigned.all;
Entity no1 is
Port(
    ck:in std_logic;
    s:buffer std_logic_vector(3 downto 0);
    a:buffer std_logic_vector(7 downto 0) );
End;
Architecture A of no1 is
signal t: std_logic_vector(13 downto 0);
begin


Process(ck)
begin
if rising_edge(ck) then t<=t+1; end if;--除頻電路

if rising_edge(t(13)) Then --狀態機模組，七段為共陰亮為 1
    case s is                      --"abcdefg."
        when "0001"=>s<="0010";a<="11110010";--@D1:3
        when "0010"=>s<="0100";a<="11011010";--@D2:2
        when "0100"=>s<="1000";a<="01100001";--@D3:1.
        when others=>s<="0001";a<="01100110";--@D0:4
    end case;
end if;
end process;
end;
```

• Verilog

```
module no1(input ck,output reg[3:0] s,output reg[7:0] a);//  第一題：顯示 1.234
reg [13:0] t;
always@(posedge ck ) t<=t+1; //除頻電路
always@(posedge t[13]) //狀態機模組，七段為共陰亮為 1
    case(s)                              //abcdefg.
        4'b0001: begin s<=4'b0010;a<=8'b11110010;end //@D1:3
        4'b0010: begin s<=4'b0100;a<=8'b11011010;end //@D2:2
        4'b0100: begin s<=4'b1000;a<=8'b01100001;end //@D3:1.
        default: begin s<=4'b0001;a<=8'b01100110;end //@D0:4
    endcase
endmodule
```

電路圖如下：

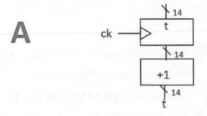

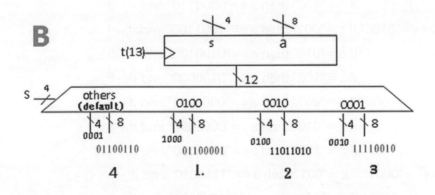

乙級數位電子學術科解析(VHDL / Verilog 雙解)

第二題

• VHDL

```vhdl
library ieee;--  第二題:顯示 J 題
use ieee.std_logic_1164.all;
use ieee.std_logic_unsigned.all;
entity no2 is
        port(ck :in std_logic;
                s :buffer std_logic_vector(3 downto 0);
                a :buffer std_logic_vector(6 downto 0);
                c :in std_logic_vector(2 downto 0));
end;
architecture a of no2 is
begin
process(ck)
begin
if rising_edge(ck) then --按鍵取值電路
case s is                                --abcdefg
when "0001"=>s<="0010";if c ="001" then a<="1001111";end if;--1
                if c ="010" then a<="0010010";end if;--2
                if c ="100" then a<="0000110";end if;--3
when "0010"=>s<="0100";if c ="001" then a<="1001100";end if;--4
                if c ="010" then a<="0100100";end if;--5
                if c ="100" then a<="0100000";end if;--6
when "0100"=>s<="1000";if c ="001" then a<="0001111";end if;--7
                if c ="010" then a<="0000000";end if;--8
                if c ="100" then a<="0001100";end if;--9
when others=>s<="0001";if c ="001" then a<="1110010";end if;--*
                if c ="010" then a<="0000001";end if;--0
                if c ="100" then a<="1100110";end if;--#
end case;
end if;
end process;
end ;
```

• Verilog

```
module no2(input ck,output reg [3:0] s,output reg[6:0] a,input [2:0] c);// 第二題:顯示 J 題
always @ (posedge ck)
case (s)                    //abcdefg
4'b0001: begin
s<=4'b0010;if(c==1)a<=7'b1001111;if(c==2)a<=7'b0010010;if(c==4)a<=7'b0000110;end
4'b0010: begin
s<=4'b0100;if(c==1)a<=7'b1001100;if(c==2)a<=7'b0100100;if(c==4)a<=7'b0100000;end
4'b0100: begin
s<=4'b1000;if(c==1)a<=7'b0001111;if(c==2)a<=7'b0000000;if(c==4)a<=7'b0001100;end
default: begin
s<=4'b0001;if(c==1)a<=7'b1110010;if(c==2)a<=7'b0000001;if(c==4)a<=7'b1100110;end
endcase
endmodule
```

電路圖如下：

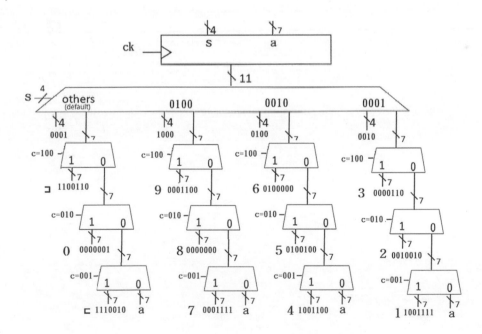

乙級數位電子學術科解析(VHDL / Verilog 雙解)

CHAPTER

06

Quartus II 操作

6-1   Quartus II 操作...6-2

　　　第一題　腳位表 6-8

　　　第二題　腳位表 6-9

乙級數位電子學術科解析(VHDL / Verilog 雙解)

6-1 Quartus II 操作

一、建立專案

在電腦桌面上找到 Quartus II 的圖示 雙按左鍵點選開啓。

如下圖 B 處爲已開啓過的專案,可直接選取。A 處爲開啓新專案。按左鍵點選 A 開啓新專案。

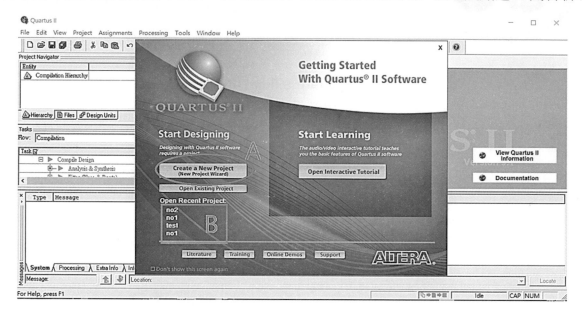

出現下圖按 Next。

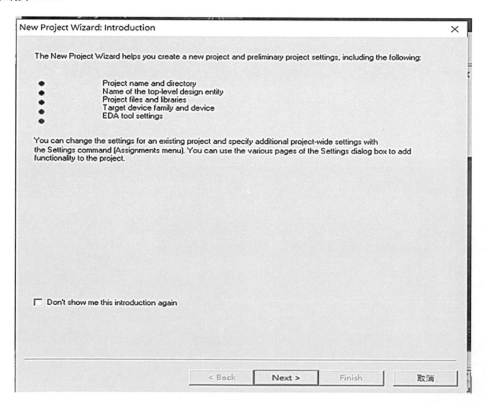

如下圖 A 處爲設定專案路徑。B、C 處爲設定專案名稱，填 B 會自動帶入 C。

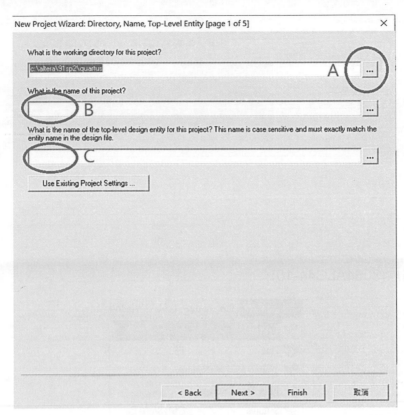

試題有規範設計檔的路徑，考試時要依規定建立與置放。如下圖專案路徑若設爲 D 碟下的 01_CPLD 資料夾。專案名稱爲 no1 後直接按 Finish。

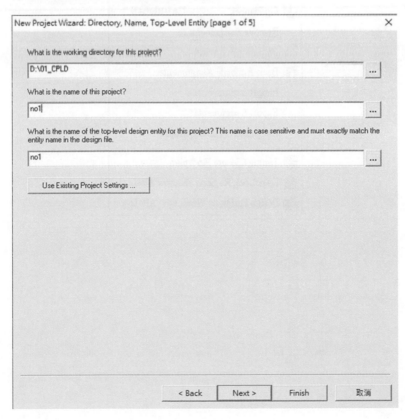

開啟完成如下圖。

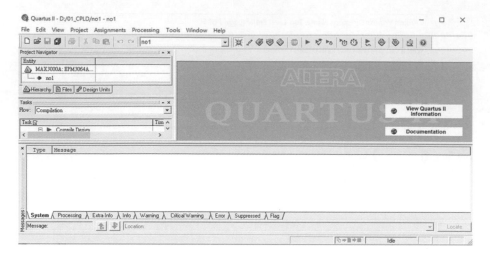

二、設定 CPLD 晶片(3064ALC44-10)

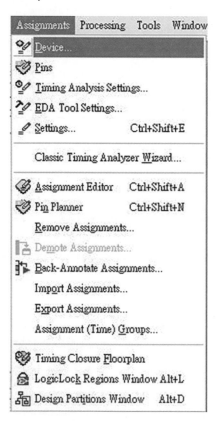

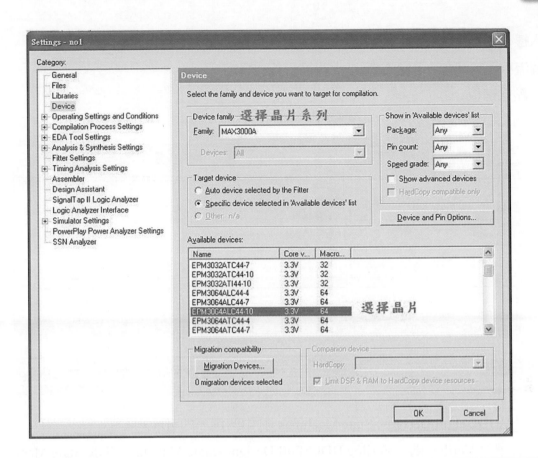

三、開新 VHDL 檔

建立 VHDL 檔案並儲存至專案資料夾。選 New>VHDL File>OK。

(若選用 Verilog 碼：New> Verilog HDL File > OK)

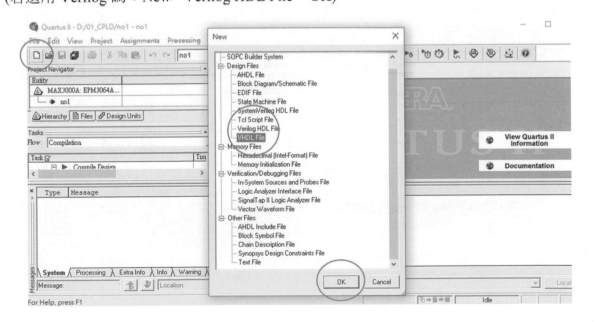

乙級數位電子學術科解析(VHDL / Verilog 雙解)

四、插入樣板

這個流程可有可無，但有它可以少背很多英文單字。

1. 點選樣板

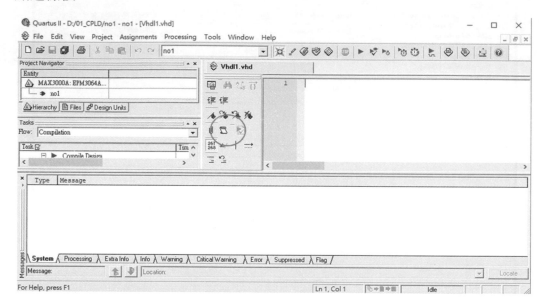

2. 選 VHDL>Full Designs>State Machines 其中四選一即可。

(若選用 Verilog 碼：Verilog HDL>Full Designs>State Machines>Safe State Machine)

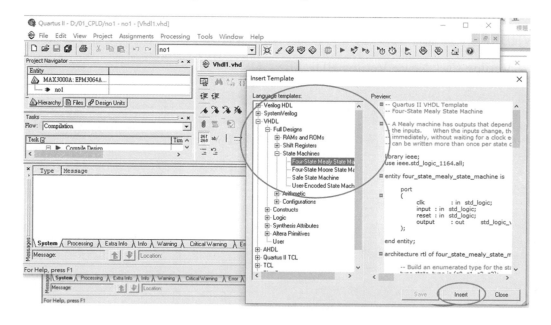

檢視 VHDL 檔修改它,將要的留下不要的除去,如此可以少背很多英文單字。

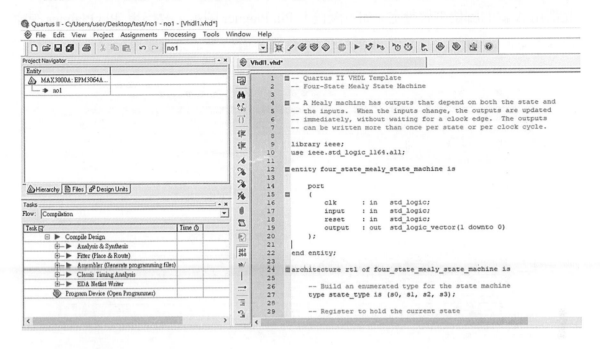

五、編譯 VHDL 碼

下圖方框為編譯鈕按下即可編譯。第一次編譯會自動帶入專案名稱到檔名欄。最好編譯前都要檢查檔名與下圖檔案內部圈出兩處是否與專案名稱一樣,否則編譯會錯。按下三角形編譯圖示即可編譯。編譯完成後可以查看編譯訊息,若有出現紅字列則為編譯不成功,請從最上一列開始除錯,初學者要多花時間練習除錯。

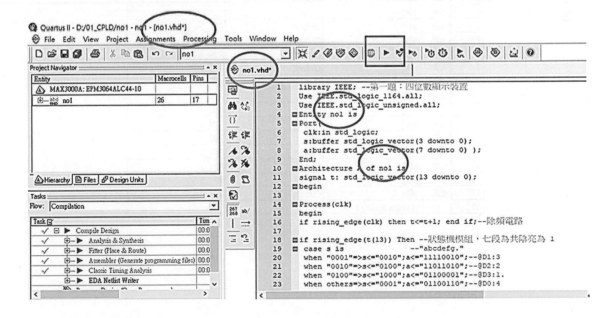

六、接腳設定

　　在此都用 A 組的腳位來做設定。如下圖按下 Pin Planner 圖示，會出現 Pin Planner 視窗。

腳位從 Location 處鍵入。其中 ck 的腳位為 43 腳。腳位設定完還要再編譯一次。

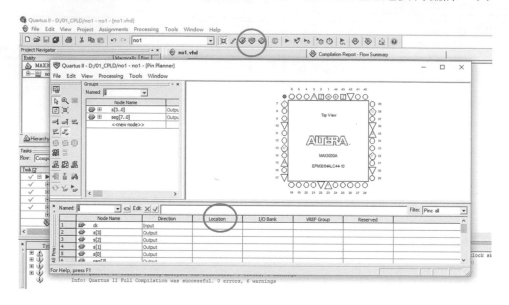

二題腳位圖如下：

1.　第一題　腳位圖

		Node Name	Direction	Location
1		TCK	Input	
2		TDI	Input	
3		TDO	Output	
4		TMS	Input	
5		a[7]	Output	PIN_29
6		a[6]	Output	PIN_27
7		a[5]	Output	PIN_26
8		a[4]	Output	PIN_25
9		a[3]	Output	PIN_24
10		a[2]	Output	PIN_28
11		a[1]	Output	PIN_11
12		a[0]	Output	PIN_9
13		ck	Input	PIN_43
14		s[3]	Output	PIN_8
15		s[2]	Output	PIN_6
16		s[1]	Output	PIN_5
17		s[0]	Output	PIN_4
18		<<new node>>		

可檢視如下工作圖來設定。

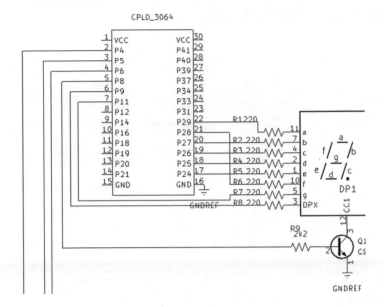

2. 第二題　腳位圖

		Node Name	Direction	Location
1		TCK	Input	
2		TDI	Input	
3		TDO	Output	
4		TMS	Input	
5		a[6]	Output	PIN_31
6		a[5]	Output	PIN_29
7		a[4]	Output	PIN_28
8		a[3]	Output	PIN_27
9		a[2]	Output	PIN_26
10		a[1]	Output	PIN_25
11		a[0]	Output	PIN_24
12		c[2]	Input	PIN_9
13		c[1]	Input	PIN_11
14		c[0]	Input	PIN_12
15		ck	Input	PIN_43
16		s[3]	Output	PIN_4
17		s[2]	Output	PIN_5
18		s[1]	Output	PIN_6
19		s[0]	Output	PIN_8
20		<<new node>>		

可檢視如下工作圖來設定。

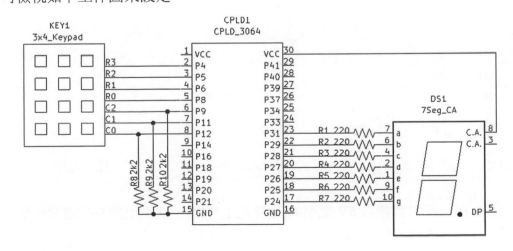

七、燒錄

點選下圖圓圈處，可進到燒錄程式的畫面。

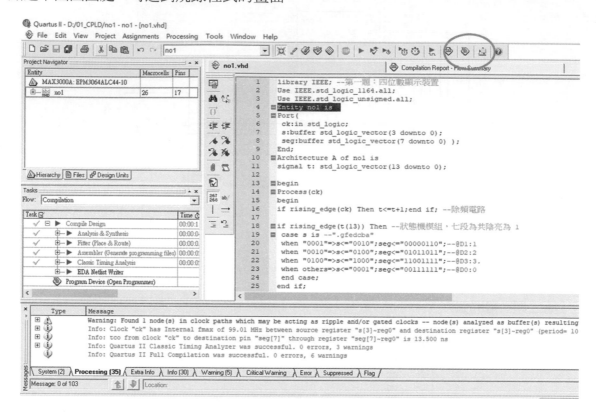

如下圖，先檢查 A 處 USB Blaster 是否驅動成功，若不成功點選左側的 Hardware Setup 進入設定。再檢查 B 處是否勾選，最後按 Start 開始燒錄。

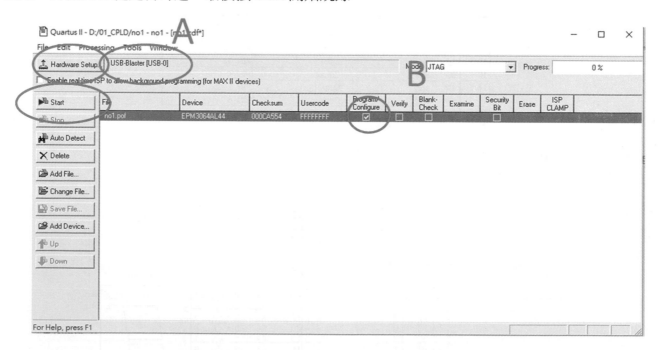

燒錄線 USB Blaster 可選購供 5V 電壓的(原昇電子有售)，就不用額外接電源供應器。

PART
03

學科題庫整理與解析

Chapter
7
乙級數位電子學科題庫與詳解

CHAPTER 07

乙級數位電子學科
題庫與詳解

題目

工作項目 01：電機電子識圖 7-2

工作項目 02：零組件 7-6

工作項目 03：儀表與檢修測試 7-9

工作項目 04：電子工作法 7-17

工作項目 05：電子學與電子電路 7-25

工作項目 06：數位邏輯設計 7-43

工作項目 07：電腦與周邊設備 7-65

工作項目 08：程式語言 7-79

工作項目 09：網路技術與應用 7-92

工作項目 10：微控制器系統 7-98

詳解

工作項目 01：電機電子識圖 7-103

工作項目 02：零組件 7-104

工作項目 03：儀表與檢修測試 7-105

工作項目 04：電子工作法 7-107

工作項目 05：電子學與電子電路 7-107

工作項目 06：數位邏輯設計 7-114

工作項目 07：電腦與周邊設備 7-123

工作項目 08：程式語言 7-127

工作項目 09：網路技術與應用 7-130

工作項目 10：微控制器系統 7-131

學科題庫

說明：部分題目不完整或有誤經考生反映後應會剔除不再命題，但若有命題還是要先依其公告答
案作答，再向勞動部反映。

工作項目 01：電機電子識圖

( ) 1. 如右圖為

　①1K×8 的 ROM　②2K×8 的 ROM

　③1K×8 的 RAM　④2K×8 的 RAM。

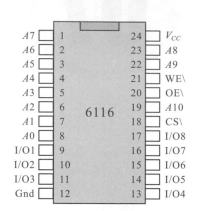

( ) 2. 如下圖在電路中代表

　①解多工器　②多工器　③跳線　④解碼器。

( ) 3. 如右圖為

　①256×1DRAM　②256×1SRAM

　③64K×1DRAM　④64K×1SRAM。

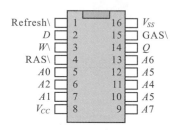

( ) 4. 如右圖為

　①非穩態振盪器

　②雙穩態電路

　③單穩態電路

　④三態電路。

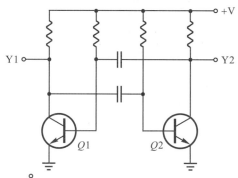

( ) 5. 右圖為何種之電路符號？

　①傳輸閘　②緩衝器　③放大器　④非反相器。

( ) 6. 如右圖為　①DIAC　②SUS　③SSS　④SBS。

( ) 7. 如右圖所示之接點符號，其為下列何種接點？

　①a 接點　②b 接點　③c 接點　④N.O.接點。

( ) 8. 如右圖所示之符號，其為下列何者之電路圖符號？

　①比流器　②比壓器　③電感器　④變壓器。

答案

1. ④　2. ②　3. ③　4. ①　5. ①　6. ③　7. ②　8. ①

( ) 9. 如右圖所示之符號，其為下列何者之電路圖符號？ 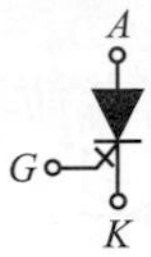
① GTO　② IGBT　③ SIT　④ SITH。

( ) 10. 如右圖所示之符號，其為下列何者之電路圖符號？ 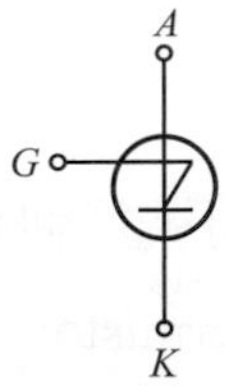
① RCT　　　　② MCT
③ SUS　　　　④ SBS。

( ) 11. 如右圖所示之符號，其為下列何者之電路圖符號？ 
① RCT　　　　② MCT
③ SUS　　　　④ SBS。

( ) 12. 如右圖所示之符號，其為下列何者之電路圖符號？ 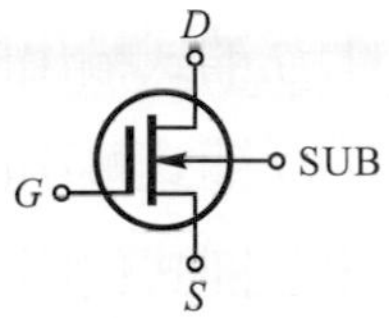
①空乏型 N 通道 MOSFET
②增強型 N 通道 MOSFET
③空乏型 P 通道 MOSFET
④增強型 P 通道 MOSFET。

( ) 13. 如右圖所示之電腦流程圖符號為
①處理　②判斷　③開始　④輸出。

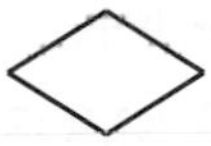

( ) 14. 以下何者為示波器測試棒的等效電路？
① 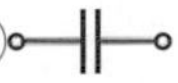　　　　　　　　　　　② 
③ 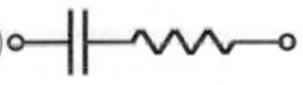　　　　　　　　　　　④ 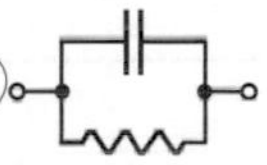　。

( ) 15. 已知 a 圖為　　，b 圖為　　之電子符號，則下列敘述何者正確？
① a 為 PUT，b 為 SCR　　　② a 為 SCR，b 為 PUT
③ a 為 SCR，b 為 SCS　　　④ a 為 PUT，b 為 SCS　元件。

( ) 16. 右圖為何種之電路符號？ 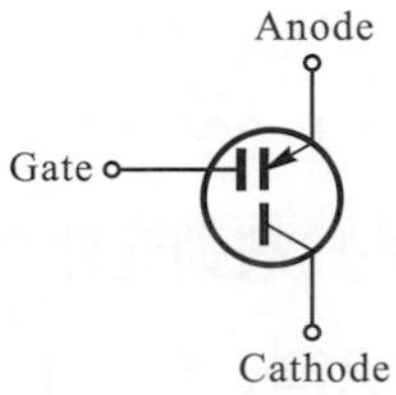
① RCT(reverse conducting thyristor)
② MCT(MOS-controlled thyristor)
③ SCS(silicon controlled switch)
④ SBS(silicon bilateral switch)。

( ) 17. 依據美國國家標準協會(ANSI)編製的標準流程圖符號，以下何者名稱與其符號並不相符？
①處理 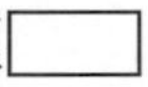　　②判斷 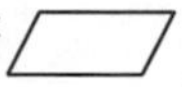　　③列印 　　④副程式 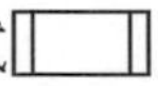　。

答案

9. ①　10. ③　11. ④　12. ①　13. ②　14. ④　15. ②　16. ②　17. ②

( ) 18. 下列何者並不屬於閘流體(Thyristor)裝置？

複選題

( ) 19. 右圖符號為何種元件？

① Thermistor ②光敏電阻 ③ NTC 型溫度電阻 ④ Photocell。

( ) 20. 如右圖所示為低態動作的三態閘，下列敘述何者正確？

①當 $B = 0$ 時，$C = A = 1$　　　②當 $B = 0$ 時，$C = A = 0$

③當 $B = 1$ 時，$C = A = 1$　　　④當 $B = 1$ 時，$C = A = 0$。

( ) 21. 如右圖所示，下列敘述何者正確？

①互補式輸出的緩衝器，當 $D = 0$ 時，$E = 0$ 及 $F = 1$

②互補式輸出的緩衝器，當 $D = 1$ 時，$E = 1$ 及 $F = 0$

③互補式輸出的反相器，當 $D = 0$ 時，$E = 1$ 及 $F = 0$

④互補式輸出的反相器，當 $D = 1$ 時，$E = 0$ 及 $F = 1$。

( ) 22. 如下圖所示，下列敘述何者正確？

①T_1 為 NMOS 元件　　　②T_1 為 PMOS 元件

③T_2 為 PMOS 元件　　　④T_2 為 NMOS 元件。

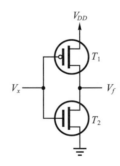

( ) 23. 下列圖示哪些是與光電有關的組件？

( ) 24. 下列圖示哪些為被動元件？

( ) 25. 下列圖示哪些為主動元件？

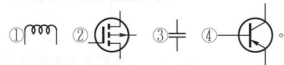

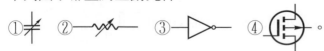

答案

18. ③　19. ②④　20. ①②　21. ①②　22. ②④　23. ①②　24. ①③　25. ③④

( ) 26. 依據美國國家標準協會(ANSI)編製的標準流程圖符號，下列符號表示何者正確？
①處理◇　②迴圈⬡　③判斷▭　④結束⬭。

( ) 27. 下列何者工作於逆向偏壓？
①▸|　②▸|◂　③▸/　④▸⚡。

( ) 28. 有關印刷電路板元件面的安排與繪製，下列敘述何者正確？
①以 IC 或電晶體位置為中心向外安排其他元件
② IC 依形狀擺放不需特別標示腳位
③連接器必須標示第一腳位
④並排電阻盡量靠近以節省空間及連接線。

答案

26. ②④　27. ②③　28. ①③

工作項目 02：零組件

( ) 1. 下列何種 IC 不能由使用者規劃其內容？
① EEPROM　② EPROM　③ PROM　④ MASKROM。

( ) 2. 霍爾晶片可檢知　①照度　②溫度　③濕度　④磁場　的大小。

( ) 3. EPROM 以標準燒錄法燒錄資料時，其燒錄脈波寬度為
① 5msec　② 10msec　③ 50msec　④ 100msec。

( ) 4. 下列何種 A/D 轉換器的轉換速度最快？
①雙斜波式　②計數式　③並列式　④逐次漸近式。

( ) 5. J 型(IC 型)熱電耦其正線為何種金屬？　①銅　②鋁　③鎳　④鐵。

( ) 6. SCR 控制電路，常見並聯一個二極體在 SCR 的閘極與陰極之間，此二極體作用是
①減少觸發電流　②保護 SCR　③消除干擾　④加快 SCR 轉換速度。

( ) 7. 熱電耦(thermocouple)之輸出信號型式為　① mV　② mA　③ Ω　④ A。

( ) 8. 正常的 TRIAC，其 G 極對 MT1 極呈現
①高電阻　②高電壓狀態　③高電流狀態　④低電阻。

( ) 9. 若步進馬達每一步階轉 7.5 度，則步進馬達轉一圈所需之步階數為幾步？
① 12　② 24　③ 36　④ 48。

( ) 10. 8255 IC 為下列所示中之何種元件？　① UART　② PIO　③ RAM　④ ROM。

( ) 11. 在精密儀表中所使用的電阻，最不需要考慮下列哪個因素？
①瓦特數　②溫度係數　③長期的安定性　④精密度。

( ) 12. 下列四種 TTL，何者的速度最快？
①蕭特基 TTL　②低功率 TTL　③標準 TTL　④低功率蕭特基 TTL。

( ) 13. 一般的數位元件中，何種輸出結構較適合大電流之輸出？
①圖騰柱輸出　②三態式輸出　③開路集極式輸出　④單端式輸出。

( ) 14. 雙極性電晶體在數位電路中是作為下列何種之用途？
①混波　②檢波　③整流　④開關。

( ) 15. 2SK30 之電子元件為
① PNP 型電晶體　② NPN 型電晶體　③ P 通道 FET　④ N 通道 FET。

答案

1. ④　2. ④　3. ③　4. ③　5. ④　6. ②　7. ①　8. ④　9. ④　10. ②
11. ①　12. ①　13. ③　14. ④　15. ④

乙級數位電子學科題庫與詳解

( ) 16. 某電子元件之特性曲線係以電荷和電壓爲座標軸表示時,則此元件爲
①電晶體 ②變壓器 ③電感器 ④電容器。

( ) 17. 以下何種電阻器大多使用於要求長期穩定性、精確度、信賴性的測試儀器上?
①水泥電阻 ②碳膜電阻 ③金屬皮膜電阻 ④線繞電阻。

( ) 18. 類比電路中,只講求比率精確度(相對精確度)時,以何種電阻器最適合?
①集合電阻(排阻) ②碳膜電阻 ③水泥電阻 ④金屬皮膜電阻。

( ) 19. 依據日本工業標準(JIS)之電晶體編號規定,編號 2SB101A 中,何者說明有誤?
①"2"表示電晶體、FET、SCR 或 UJT 等類別
②"B"表示 NPN 低頻用電晶體材質
③"101"僅是登記之號碼
④"A"表示改良的版本。

( ) 20. 有關電容器之使用特性,下列敘述何者正確?
①電解電容有極性之分,用於時間常數及高頻電路
②雲母電容有極性之分,穩定性高常用於高頻之調諧電路
③紙質電容無極性之分,常用於馬達電路及低頻電路
④鉭質電容有極性之分,可供濾波電路使用。

( ) 21. 在運算放大器 μA741 的內部電路中,不包含下列哪些電路?
①輸入級 ②輸出級 ③放大級 ④穩壓級。

( ) 22. 熱敏電阻分爲熱阻器及敏阻器兩類,下列敘述何者正確?
①熱阻器屬正溫度係數 ②敏阻器屬正溫度係數
③熱阻器常用來做測過熱現象 ④敏阻器常用來溫度測定。

( ) 23. 在光電效應中,欲增加所放射出光電子的動能,則需增大下列何種因素?
①入射光的頻率 ②入射光的強度 ③光電作用的表面積 ④光電材料的功函數。

( ) 24. 半導體在-273°C(即絕對溫度 0°K)時,其特性爲
①純導體 ②絕緣體 ③負電阻性 ④正電阻性。

複選題

( ) 25. 含有一個小數點的七段顯示器爲
①9 隻接腳 ②10 隻接腳 ③CA 型或 CK 型 ④8 顆 LED 所組成。

答案

16. ④　　17. ③　18. ①　19. ②　20. ③　21. ④　22. ②　23. ①　24. ②
25. ②③④

( ) 26. 如右圖所示，下列敘述何者正確？

① PRE 接 0 時，輸出 $Q = 0$

② PRE 接 0 時，輸出 $Q = 1$

③ CLR 接 0 時，輸出 $Q = 0$

④ CLR 接 0 時，輸出 $Q = 1$。

( ) 27. 下列何者是穩壓 IC 的型號類別？

① LM78XX ② LD1117-XX ③ NE555-X ④ EPM3064-ALCXX。

( ) 28. 有關固態繼電器(Solid State Relay)的敘述，下列何者正確？

①一種電子式無接點開關 ②內部含有發光二極體與光電晶體組成光耦合器

③利用低電壓控制高電壓之驅動裝置 ④利用高電流控制低電流之驅動裝置。

( ) 29. 右下圖中，感溫 IC AD590 的溫度係數為 1μA/°K，25°C 時其端電流為 298.2μA，則下列敘述何者正確？

① 0°C 時，其端電流為 273.2μA

② 0°C 時，$V_o = 0V$

③ 15°C 時，$V_o = 0.15V$

④ 25°C 時，$V_o = 2.982V$。

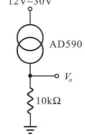

( ) 30. 若白金感溫電阻 Pt100 之電阻溫度係數為 3850ppm/°C，下列敘述何者正確？

①每 1°C 電阻變化量為 0.385Ω ②每 1°C 電阻變化量為 3.85Ω

③ 0°C 時，其電阻值為 100Ω ④常溫 25°C 時，其電阻值為 100Ω。

( ) 31. 應用於感測器模組中，除微控制器外尚會使用下列哪幾項元件？

①現場可程式化邏輯閘陣列(Field-Programmable Gate Arrays，FPGA)

②複雜的可規劃邏輯元件(Complex Programmable Logic Device，CPLD)

③特殊應用積體電路(Application-Specific Integrated Circuit，ASIC)

④中央處理器(Central Processing Unit，CPU)。

( ) 32. 常用的陶瓷及薄膜電容器代碼標示，下列敘述何者正確？

① 102J 是指電容值為 $10×10^2$pF±5% ② 221M 是指電容值為 $22×10^1$pF±15%

③ 104G 是指電容值為 $10×10^4$pF±1% ④ 100K 是指電容值為 100pF±10%。

( ) 33. 有關電荷電位描述，下列敘述何者正確？

①愈靠近正電荷處電位愈高 ②有方向性

③距電場無窮遠處之電位為零 ④與溫度成正比。

工作項目 03：儀表與檢修測試

( ) 1. 十二位元之二進制輸入，若滿額輸出電壓為 10V，哪麼最小轉換值約為
①2.5mV　②4.8mV　③10mV　④12mV。

( ) 2. 四位半之 DMM，至少需使用多少位元之 A/D 轉換器？
①10 位元　②12 位元　③14 位元　④15 位元。

( ) 3. 三用電表內部使用 1mA，5Ω 之永磁動圈式(PMMC)表頭，在使用 50V 電壓檔時，其輸入阻抗為　①50kΩ　②100kΩ　③500kΩ　④1MΩ。

( ) 4. 下列哪一種振盪器的穩定度(Stability)最高？
①一般石英晶體　②韋恩電橋式　③LC 諧振電路　④溫度補償石英晶體。

( ) 5. 數位儲存示波器不需使用下列哪種元件？
①A/D　②D/A　③記憶體　④鋸齒波產生器。

( ) 6. 示波器上之正弦波之峰對峰值為 6.4cm，若此時之垂直靈敏度選擇在 2V/cm，則待測波形之電壓 V_{rms} 等於　①3V　②4.5V　③6.4V　④7.5V。

( ) 7. 示波器的螢幕顯示：方波之週期為 6cm，若示波器水平時基旋鈕選擇為 30μs/cm，則此一方波之頻率為　①556Hz　②5.56kHz　③55.6kHz　④556kHz。

( ) 8. 量測 1GHz 之信號波形時，使用哪種儀器較適宜？
①記錄器　②計頻器　③取樣示波器　④XY 示波器。

( ) 9. 平均值式(Average-type)之 DMM，可以量取下列哪一種 AC 波形之電壓？
①正弦波　②三角波　③方波　④失真之正弦波。

( ) 10. 以數位 LCR 表測量 $Z = R + jX$ 之阻抗時，其 Q 值為
①X/R　②R/X　③X/Z　④R/Z。

( ) 11. GPIB 界面之函數波產生器至少需具備下列哪一種功能？　①收聽者(Listener)　②發言者(Talker)　③控制者(controller)　④傳送者(source)。

( ) 12. 測量 600Ω 負載之兩端為 0dbm 時，其端電壓為
①0.636V　②0.707V　③0.775V　④1.414V。

( ) 13. 邏輯分析儀之同步模式通常使用在
①狀態分析　②時序分析　③暫態信號分析　④頻率計數。

 答案

1. ①　2. ④　3. ①　4. ④　5. ④　6. ②　7. ②　8. ③　9. ①　10. ①
11. ①　12. ③　13. ①

( )　14.　一般數位電表(DMM)在量測下列哪種參數時最爲準確？
　　　　　① R　② ACV　③ DCA　④ DCV。

( )　15.　八位數(8digit)計頻器之解析度爲　①0.001ppm　②0.01ppm　③1ppm　④10ppm。

( )　16.　三位半電表之解析度爲　① 0.1%　② 0.05%　③ 0.01%　④ 0.005%。

( )　17.　IEEE-488 標準界面規定之匯流排總長度限制最多爲
　　　　　① 10 公尺　② 20 公尺　③ 30 公尺　④ 40 公尺。

( )　18.　三用表之誤差若爲±2%FS(Fullscale)，若使用 50V 電壓檔所量測之讀數爲 20V 時，其實
　　　　　際誤差爲　①±1%　②±2%　③±3%　④±5%。

( )　19.　數位儲存示波器內部一定需要使用下列哪種電路？
　　　　　① RC 振盪電路　② A/D 轉換電路　③觸發掃描電路　④ Z 軸調變電路。

( )　20.　以數位 LCR 表量測電感時，其顯示之電感值　①與量測頻率無關　②與電壓偏壓成正
　　　　　比　③與通過之電流成反比　④隨量測頻率不同而有差異。

( )　21.　計頻器之時基爲 10ms，而量測之總計數爲 1500count 時，表示外加信號之頻率爲
　　　　　① 150MHz　② 15MHz　③ 150kHz　④ 15kHz。

( )　22.　RS-232 之資料接收線有幾條？　① 1　② 4　③ 8　④ 16。

( )　23.　負載阻抗爲 50Ω 之函數波信號產生器之輸出準位爲 10dbm 時，其電壓爲
　　　　　① 7.07V　② 1V　③ 0.707V　④ 70.7mV。

( )　24.　邏輯分析儀同步模式(Syncmode)之資料取樣係使用
　　　　　①內部時脈　②外加時脈　③觸發信號　④時脈限定子(clockgualifier)。

( )　25.　一般數位電壓表之輸入阻抗爲　① 600Ω　② 1MΩ　③ 10MΩ　④ 100MΩ。

( )　26.　射極隨耦電路在電子儀表中主要是擔任下列何種作用？
　　　　　①電壓放大　②振盪　③整流　④阻抗匹配。

( )　27.　下列何者爲測試系統中之轉換器(transducer)的用途？
　　　　　①將數位信號轉換爲類比信號　　②將類比信號轉換爲數位信號
　　　　　③將電氣的信號轉換爲非電氣的信號　④將非電氣的信號轉換爲電氣的信號。

( )　28.　下列何者爲照度計之單位？
　　　　　①勒克斯(lux)　②安培(A)　③流明(lm)　④燭光/平方公尺(cd/m²)。

答案

14.　④　　15.　②　　16.　②　　17.　②　　18.　④　　19.　②　　20.　④　　21.　③　　22.　①　　23.　③
24.　②　　25.　③　　26.　④　　27.　④　　28.　①

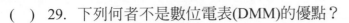

( ) 29. 下列何者不是數位電表(DMM)的優點？
①消除讀取誤差　　　　　　　　②易於讀取測量值
③高精確度　　　　　　　　　　④可判別各種閘流體。

( ) 30. 如下圖所示之調幅波，若 A = 10Vp-p，B = 2Vp-p 時，其調變百分比為何？
① 2%　② 10%　③ 50%　④ 67%。

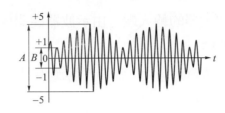

( ) 31. 電晶體基極輸入下列何種波形時，可在示波器上顯示多條電晶體共射極輸出曲線？
①階梯波　②三角波　③正弦波　④方波。

( ) 32. 線性 IC 測試器最常用來測量下列何種 IC？
① A/D 轉換 IC　② D/A 轉換 IC　③運算放大器　④穩壓 IC。

( ) 33. 一般函數波信號產生器，採用下列何者作為基本的振盪電路？
①相移振盪器　②三角波振盪器　③考畢子振盪器　④韋恩振盪器。

( ) 34. 有一正弦波信號 $v(t)$ = 2sin628tV，不經衰減直接加到示波器垂直輸入端，在不使用水平放大增益，且微調旋鈕也置於校正位置時，若示波器所顯示的波形如下圖所示，則示波器水平與垂直旋鈕應分別是撥在下列何種位置？
① 2.5ms/DIV、1V/DIV
② 2.5ms/DIV、2V/DIV
③ 5ms/DIV、2V/DIV
④ 2ms/DIV、1V/DIV。

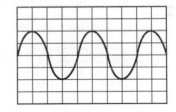

( ) 35. 若以單一頻率信號輸入到放大器中，以測其大致的頻率響應情形時，宜用下列何種波形測量？　①正弦波　②三角波　③鋸齒波　④方波。

( ) 36. 電容器是否漏電，可用三用電表的何檔測試較為簡便？
①Ω 檔　② DCV 檔　③ ACV 檔　④ DCA 檔。

( ) 37. 高阻計(MeggerMeter)是用來量測
①接地電阻　②絕緣電阻　③電解液電阻　④導線電阻。

( ) 38. 2.5 級的指針式電表，表示該儀器的精確度為
①滿刻度的±2.5 個單位　　　　②滿刻度的±2.5%單位
③任一點的±2.5 個單位　　　　④任一點的±2.5%單位。

答案

29. ④　30. ④　31. ①　32. ③　33. ②　34. ①　35. ④　36. ①　37. ②　38. ②

( ) 39. 二線式(A'，B')測溫感知器若使用在三線式(A-B-b)儀器時，應該
① A'接 A，B'接 B 與 b ② B 與 b 短路 ③ B 端不接 ④ A'接 A 與 b，B'接 B。

( ) 40. 波形分析儀(WaveAnalyzer)的濾波器為
①低通濾波器(LowPassFilter) ②高通濾波器(HighPassFilter)
③帶阻濾波器(BandStopFilter) ④帶通濾波器(BandPassFilter)。

( ) 41. 以標準方波信號輸入放大器的輸入端，由示波器觀測放大器輸出端的信號如下圖所示時，顯示放大器的特性為
①低頻響應不足 ②低頻響應過大 ③高頻響應不足 ④高頻響應過大。

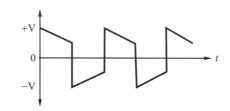

( ) 42. 以三用電表的直流電壓檔(DCV)測量 1kHz，6 伏特交流電壓時，指針指示在
① 0 ② 6 ③ 8.5 ④ 10 伏特位置。

( ) 43. 測量某小段銅線的電阻值時應用
①惠斯登電橋 ②愷爾文電橋 ③ RLC 電表 ④數位式三用電表 最為適宜。

( ) 44. 若示波器的時基(TimeBase)設定在 1μs/cm 時，現觀測某波形水平每週期為 4cm，垂直峰到峰值振幅佔 2cm 時，則此觀測波形的頻率為
① 25 ② 100 ③ 250 ④ 500 kHz。

( ) 45. 示波器顯示方波的上升時間(risetime)是 0.5μs，若示波器本身的上升時間是 0.3μs，則該方波實際的上升時間為 ① 0.2μs ② 0.3μs ③ 0.4μs ④ 0.5μs。

( ) 46. 邏輯分析儀的顯示方式有狀態顯示，請問下列顯示待測信號方式何者為誤？
①以二進位表示 ②以十六進位表示 ③以 ASCII 表示 ④以 BIG-5 表示。

( ) 47. 放大器的測量結果常以分貝(dB)來表示，下列何者為誤？
① $P_{dB} = 20\log(P_o / P_i)$ ② $V_{dB} = 20\log(V_o / V_i)$
③ $P_{dB} = 10\log(P_o / P_i)$ ④ $I_{dB} = 20\log(I_o / I_i)$。

( ) 48. 下列何者不是數位式電表應具備的特性？ ①輸入阻抗高 ②輸入雜散電容小 ③需要有高靈敏度的表頭 ④可測量任意的波形的峰對峰值。

答案

39. ① 40. ④ 41. ① 42. ① 43. ② 44. ③ 45. ③ 46. ④ 47. ① 48. ③

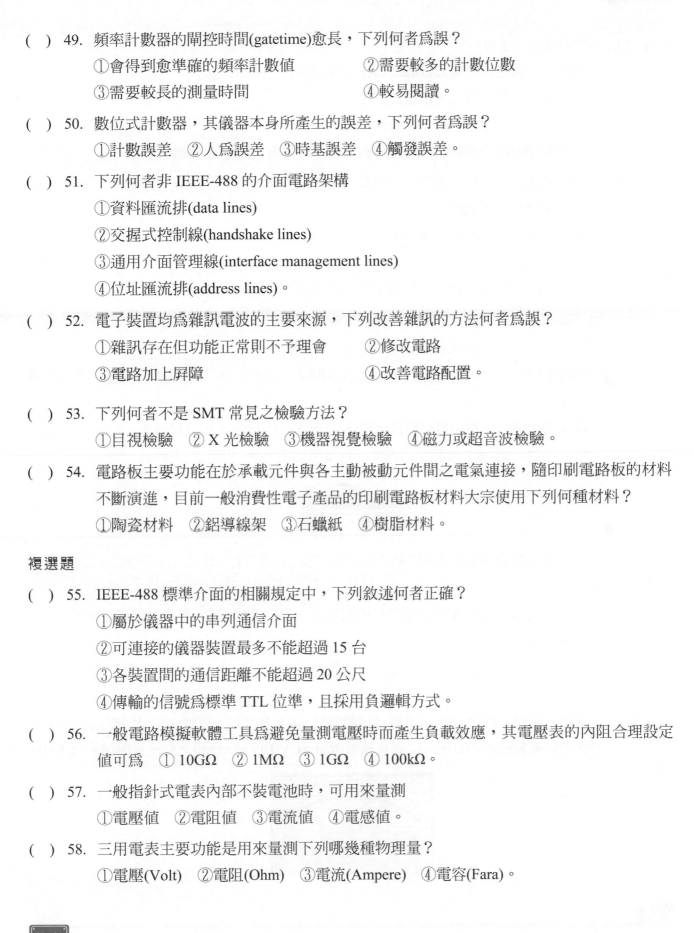

( ) 49. 頻率計數器的閘控時間(gatetime)愈長，下列何者為誤？
①會得到愈準確的頻率計數值　　②需要較多的計數位數
③需要較長的測量時間　　④較易閱讀。

( ) 50. 數位式計數器，其儀器本身所產生的誤差，下列何者為誤？
①計數誤差　②人為誤差　③時基誤差　④觸發誤差。

( ) 51. 下列何者非 IEEE-488 的介面電路架構
①資料匯流排(data lines)
②交握式控制線(handshake lines)
③通用介面管理線(interface management lines)
④位址匯流排(address lines)。

( ) 52. 電子裝置均為雜訊電波的主要來源，下列改善雜訊的方法何者為誤？
①雜訊存在但功能正常則不予理會　　②修改電路
③電路加上屏障　　④改善電路配置。

( ) 53. 下列何者不是 SMT 常見之檢驗方法？
①目視檢驗　②X 光檢驗　③機器視覺檢驗　④磁力或超音波檢驗。

( ) 54. 電路板主要功能在於承載元件與各主動被動元件間之電氣連接，隨印刷電路板的材料不斷演進，目前一般消費性電子產品的印刷電路板材料大宗使用下列何種材料？
①陶瓷材料　②鋁導線架　③石蠟紙　④樹脂材料。

複選題

( ) 55. IEEE-488 標準介面的相關規定中，下列敘述何者正確？
①屬於儀器中的串列通信介面
②可連接的儀器裝置最多不能超過 15 台
③各裝置間的通信距離不能超過 20 公尺
④傳輸的信號為標準 TTL 位準，且採用負邏輯方式。

( ) 56. 一般電路模擬軟體工具為避免量測電壓時而產生負載效應，其電壓表的內阻合理設定值可為　① 10GΩ　② 1MΩ　③ 1GΩ　④ 100kΩ。

( ) 57. 一般指針式電表內部不裝電池時，可用來量測
①電壓值　②電阻值　③電流值　④電感值。

( ) 58. 三用電表主要功能是用來量測下列哪幾種物理量？
①電壓(Volt)　②電阻(Ohm)　③電流(Ampere)　④電容(Fara)。

答案

49. ④　　50. ②　51. ④　52. ①　53. ④　54. ④　55. ②④　56. ①③　57. ①③
58. ①②③

( ) 59. 下列敘述何者正確？

①電壓表之靈敏度通常以歐姆伏特比(Ω/V)表示

②電壓表之內阻值愈大，則靈敏度愈佳

③電流表內阻值愈大，則負載效應愈小

④瓦特表係同時測量待測物的電壓與電流值而獲得待測物之消耗功率。

( ) 60. 使用日系指針式三用電表時，下列敘述何者是正確？

①量測電壓時，電表與待測者並聯

②量測電流時，電表與待測者並聯

③量測電阻時，電表需先作歸零

④設定於歐姆檔時，紅、黑色測試棒分別代表內部電池的正端與負端。

( ) 61. 如下圖直流電源供應器使用，下列敘述何者正確？

①獨立模式：可分別調整輸出電壓及限定電流的大小

②串聯追蹤模式：兩組電源的輸出電壓值相同，並由 CH1 主電源輸出調整鈕控制電壓大小

③並聯追蹤模式：輸出電壓與最大電流完全由 CH1 控制，可提供最多一倍的電流輸出

④輸出控制開關 OFF 時輸出端隔離，無電壓輸出也無法顯示設定的最大電流。

( ) 62. 使用三用電表量測某電路各點結果分別如下圖 A、B、C、D 所示，下列之判讀何者正確？

①當指針偏轉於圖中 A 所示位置且檔數置於 ACV 1000V 時，量測之交流電壓值約為 460V

②當指針偏轉於圖中 B 所示位置且檔數置於 ACV 250V 時，量測之交流電壓值約為 165V

③當指針偏轉於圖中 C 所示位置且檔數置於 ACV 50V 時，量測之交流電壓值約為 42V

④當指針偏轉於圖中 D 所示位置且檔數置於 ACV 10V 時，量測之交流電壓值約為 3.3V。

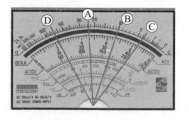

答案

59. ①②④ 60. ①③ 61. ①② 62. ①②③

( ) 63. 若將一大小為 60 伏特之直流電壓源加至兩個電阻大小分別為 5 歐姆與 10 歐姆且串聯之電阻電路，下列敘述何者正確？
① 總電阻等於 15 歐姆
② 總電流等於 4 安培
③ 5 歐姆上的壓降為 40 伏特
④ 10 歐姆上的壓降為 20 伏特。

( ) 64. 有關示波器被動式探棒及主動式探棒的比較，下列敘述何者正確？
① 主動式探棒適合高速訊號
② 被動式探棒適合高速訊號
③ 主動式探棒適合低電壓邏輯訊號
④ 被動式探棒負載效應較小。

( ) 65. 有三個都是 6 歐姆的電阻，下列敘述何者正確？
① 兩個串聯後再與第三個並聯時電阻為 6 歐姆
② 兩個串聯後再與第三個並聯時電阻為 4 歐姆
③ 兩個並聯後再與第三個串聯時電阻為 9 歐姆
④ 全部電阻並聯時電阻為 2 歐姆。

( ) 66. ICT(In Circuit Test)基本上可以執行檢測出下列的哪些功能或零件缺陷？
① 開路　② 冷/假焊　③ 零件「偏移」　④ 短路。

( ) 67. 使用 ICT(In Circuit Test)測試電路板的優點？
① 測試速度快、時間短　② 產品修理成本大幅降低　③ 提高電路板佈線的使用率　④ 提高產品品質。

( ) 68. 數位儲存示波器功能，下列何者為真？
① 系統架構中不須衰減器
② 觸發控制可以選擇水平觸發位準
③ 垂直解析度是指將輸入電壓轉換成數位值的精準度
④ 將訊號數位化後重建波形，具有記憶與儲存功能。

( ) 69. 數位儲存示波器中，對於觸發的描述何者正確？
① 邊緣觸發是一種以時間點做為條件的觸發，只要訊號跨過某時間點就觸發
② 脈波寬度是一種以頻率區間來當作條件的觸發模式，只要波寬大於頻率區間就觸發
③ 低準位觸發允許擷取和檢視越過一個邏輯臨界值、但沒有同時越過兩個邏輯臨界值的脈衝
④ 觸發設定可針對輸入訊號的特定條件作出回應。

答案

63. ①② 　64. ①③ 　65. ②③④ 　66. ①④ 　67. ①②④ 　68. ③④ 　69. ③④

乙級數位電子學術科解析(VHDL / Verilog 雙解)

( ) 70. 數位儲存示波器中，在不同的 X:Y 比率頻率下，相位偏移量測結果，下列描述何者為真？

① X:Y=1:1　② X:Y=1:2　③ X:Y=1:3　④ X:Y=1:4　。

70.　①④

乙級數位電子學科題庫與詳解

工作項目 04：電子工作法

(　) 1. 現場儀器於管理安裝位置時，可以不必考慮的項目為
①方便觀測、維護　②測量點距離　③安全防護　④集中。

(　) 2. 將一只 2W 之電阻裝配在 PC 板上時，以何種方式較適宜？
①緊貼在 PC 板上　②距 PC 板 0.3mm　③距 PC 板 3mm　④距 PC 板 3cm。

(　) 3. 下圖 PC 板佈線，A、B、C、D 四銲點需接通，另 EF 兩銲點亦須接通，何者佈線較適宜

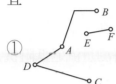 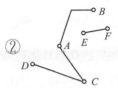

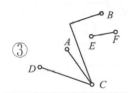 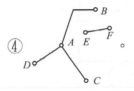

(　) 4. 調整電源供應器的限流大小時，先將電壓調整好，再將正、負輸出端短路，觀察電流表之指示並以限流調整旋鈕調整限流大小是
①調整限流時之必要正確動作　②不正確之動作，但不會損壞儀器
③不正確之動作，且會損壞儀器　④會將保險絲燒斷。

(　) 5. 如下圖 A、B 長度之差要在
① 0.1mm 以下　② 1mm 以下　③ 5mm 以下　④ 10mm 以下。

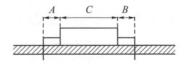

(　) 6. 電烙鐵頭在使用前應調整其溫度保持在約　① 200℃　② 180℃　③ 300℃　④ 350℃。

(　) 7. 如右圖中，d 的長度是從圓點邊緣算起，不得超過
① 0.5mm
② 2mm
③ 5mm
④ 5cm。

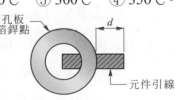

1. ④　2. ③　3. ④　4. ①　5. ②　6. ③　7. ①

乙級數位電子學術科解析(VHDL / Verilog 雙解)

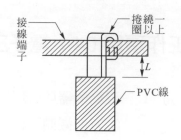

( ) 8. 如右圖中 L 的長度要在

① 0.1mm 以下　　② 0.5mm 以下

③ 2mm 以下　　　④ 10mm 以下。

( ) 9. 為避免產生電磁干擾，印刷電路板中之接地迴路應如何？

①須為一封閉之迴路　　　　②不可為一迴閉之迴路

③只要不構成線圈狀即可　　④無所謂。

( ) 10. 松香的主要功能為何？

①除去油汙　②除去腐蝕物　③除去氧化膜　④降低銲錫熔點。

( ) 11. 以一般電流表 A(內阻 $= 0.5\Omega$)及電壓表 V(內阻 $= 1M\Omega$)同時測量流過低阻抗元件 R(阻值 $= 1\Omega$)之電流及其上電壓時，應以下列何種接法最為適宜？

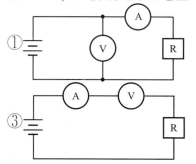
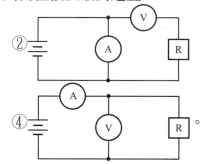

( ) 12. 某一橋式整流電路輸出為 12 伏特的直流電壓時，則電路中二極體的耐壓值最小應選擇

① 24　② 20　③ 18　④ 12　伏特方可。

( ) 13. 使用 ICE 線上電路實體模擬器，其接腳應插入下列何者之腳座？

① CPU　② RAM　③ CTC　④ PIO。

( ) 14. 配線端點焊接時，端點與導線 PVC 絕緣皮之間距，應保持在

① 0.5mm～2mm　② 2mm～5mm　③ 0.5cm～2cm　④ 2cm～5cm。

( ) 15. 在實施變壓器端點銲接前，導線應先在端點上捲繞

① 0.5～1 匝　② 1～1.5 匝　③ 2～3 匝　④ 3～4 匝。

( ) 16. 配線完成後，兩條以上導線即應予以束線，而束線應每隔多少距離內束線一次？

① 30mm　② 40mm　③ 50mm　④ 60mm。

( ) 17. 束線時，遇有導線欲分歧時，束線匝應匝在分歧點的位置為？

①後面　②前面　③兩邊都匝　④不限定。

答案

8. ③　9. ②　10. ③　11. ④　12. ②　13. ①　14. ①　15. ②　16. ①　17. ②

乙級數位電子學科題庫與詳解

( ) 18. 使用塑膠質束線帶來匝線束後，應將尾端多餘線帶剪除，殘留量至少應在多少距離以內？ ① 1mm ② 2mm ③ 3mm ④ 4mm。

( ) 19. 熱縮絕緣的目的是為防止交流電源意外感電，所以一般機器中，AC110V 電源的控制元件，如電源開關、保險絲等，都需要予以
① 1 層 ② 2 層 ③ 3 層 ④ 4 層 熱縮絕緣保護。

( ) 20. 在安裝機電元件時，為使其不易鬆脫，會在平墊圈內加裝一個
① 銲片 ② 絕緣墊圈 ③ 彈簧墊圈 ④ 螺絲帽。

( ) 21. 配線時信號線應使用 ① 單蕊線 ② 多蕊線 ③ 隔離線 ④ 裸銅線 來配置。

( ) 22. 功率電晶體裝配在散熱片時，絕緣墊圈應裝配在哪個位置？
① 螺絲與功率電晶體外殼之間 ② 功率電晶體與雲母墊片之間
③ 散熱片與螺帽之間 ④ 不需安裝。

( ) 23. 在 SMT 生產製程中，IC 如果沒有經過烘烤預熱過程，最常造成
① 冷焊 ② 連錫 ③ 接腳變形 ④ 脫落。

( ) 24. SMT 生產需經過：a.零件放置 b.迴焊 c.清洗 d.上錫膏，其先後順序為
① abdc ② bacd ③ dabc ④ adbc。

( ) 25. 下列哪一個不是繪製電路圖之前的準備動作？
① 設定 Grid ② 設定單位 ③ 設定圖紙(Sheet) ④ 加入零件(Component)。

( ) 26. 在 PCB 設計中，焊點(Pad)通常以堆疊(Stack)方式表現，在使用的板層中，以不同的尺寸疊放在一起，下列何者不是 Pad Stack 使用的板層？
① 文字面(Silk) ② 防焊(Solder) ③ 鑽孔(Drill) ④ 銅箔(Copper)。

( ) 27. PCB 設計佈線時，線的角度何者為優？
① 鈍角 ② 銳角 ③ 90 度角 ④ 都沒差異。

( ) 28. Gerber 檔案中，用來表示鑽孔位置，鑽孔尺寸與符號對照表，稱作
① Silk ② Paste ③ Resist ④ Drill Drawing。

( ) 29. 為降低 IC 的電磁干擾問題，在做電路板設計時，旁路電容擺置何處？
① 靠近 IC 的訊號輸入端 ② 遠離 IC 的訊號輸入端
③ 遠離 IC 的電源信號 ④ 靠近 IC 的電源信號。

 答案

18. ① 19. ② 20. ③ 21. ③ 22. ③ 23. ① 24. ③ 25. ④ 26. ① 27. ① 28. ④
29. ④

( ) 30. PCB 設計在完成佈線後，常將佈線空白處鋪上銅箔，其目的是
①減少銅箔浪費 ②好看 ③隔除雜訊 ④隔除噪音。

( ) 31. 晶片的封裝技術種類繁多，下圖爲何種封裝？
① QFN 封裝 ② SOP 封裝 ③ QFP 封裝 ④ BGA 封裝。

( ) 32. 迴流焊接技術中，因元件兩端受熱不均勻而容易造成的焊接缺陷主要是
①接腳空焊 ②接腳連錫 ③元件偏移 ④元件翹立。

( ) 33. 下列何者爲電晶體常用的封裝類型？
① SOP ② SOT ③ MELF ④ CHIP。

( ) 34. SMD 元件擺放，其電極與銅箔接點重疊長度最大容許偏移值爲電極寬度的多少倍？
① 2/3 ② 1/3 ③ 1/2 ④ 1/4。

( ) 35. 如下圖所示，焊錫量不應超過幾度 ① 30 ② 45 ③ 60 ④ 75。

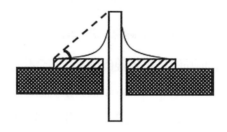

( ) 36. 下列何者是表面組裝回流焊必須的材料？
①錫膏 ②貼裝膠 ③焊錫絲 ④助焊劑。

( ) 37. 爲了要更精確的將錫膏重複塗抹於電路板的一定位置與控制其錫膏量多寡，所以必須
要使用下列何者來控制錫膏的印刷量與位置？
①十字記號 ②鋼板(stencil) ③雷射對位 ④刮刀。

( ) 38. 影響錫膏印刷品質的因素中，會影響錫膏的量爲下列何者？
①刮刀種類 ②刮刀角度 ③刮刀壓力 ④鋼板的脫模速度。

( ) 39. Sn62Pb36Ag2 之焊錫膏主要試用於何種基板？
①玻纖板 ②陶瓷板 ③甘蔗板 ④水金板。

答案

30. ③ 31. ③ 32. ④ 33. ② 34. ③ 35. ② 36. ① 37. ② 38. ③ 39. ②

( )　40.　SMT 環境溫度為下列何者？
　　　　①25±3℃　②40±3℃　③10±3℃　④80±3℃。

( )　41.　回流焊的溫度依據下列何者來調溫？
　　　　①固定溫度數據　　　　　　　　②利用測溫器量出適用之溫度
　　　　③根據前一工令設定　　　　　　④可依經驗來調整溫度。

( )　42.　鋼板之清洗可利用下列何種熔劑？
　　　　①水　②異丙醇　③清潔劑　④助焊劑。

( )　43.　如下圖所示，焊錫焊接高度應為電極高度的幾分之幾以上？
　　　　①1/2　②1/3　③1/4　④1/5。

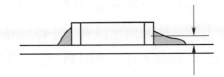

( )　44.　如下圖所示，SMT 元件電極應覆蓋在銅箔接點上的多少長度以上？
　　　　①1/2E　②1/3E　③1/4E　④1/5E。

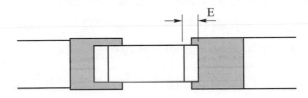

複選題

( )　45.　有關 PVC 導線規格及導線作業，下列敘述何者正確？
　　　　①其規格中的安全電流量係以周圍溫度 35℃ 為準
　　　　②應使用 PVC 絕緣膠帶纏繞連接部分並掩護原導體之絕緣外皮 15 公厘以上
　　　　③如規格標示 22mm²，表示其為多股絞線
　　　　④絞線接於開關時，如在線頭加焊錫或使用壓接端子，可降低耐張強度。

( )　46.　使用鉗子剪線時，應注意
　　　　①鉗口凹槽應朝外　②鉗口凹槽應朝內　③線頭應朝上　④線頭應朝下。

( )　47.　有關電子工作法的敘述，下列何者正確？
　　　　①斜口鉗在電子元件裝配後，剪除多餘的導線
　　　　②使用指針式三用電表測量電壓時，會撥在歐姆檔最高檔位，以免電表燒毀
　　　　③驗電起子可用來判別 380V 以下的交流電壓
　　　　④IC 拆除後，可用吸錫線(絲)來吸取多餘之焊錫。

 答案

40.　①　41.　②　42.　②　43.　③　44.　①　45.　①②③　46.　①④　47.　①③④

( ) 48. 下列哪些化學物質常用於錫焊接時之助焊劑？
①松香　②氯化銨　③氯化鐵　④氯化銅。

( ) 49. 使用一般電路圖繪圖工具軟體時，下列敘述何者正確？
①輸入信號端子在左方，輸出信號端子在右方
②輸入信號端子在右方，輸出信號端子在左方
③電源正端在上方、負端在下方
④電源正端在下方、負端在上方。

( ) 50. 依據 PC 板裝配原則，下列敘述何者正確？
①先裝較高的元件，次裝較矮的元件
②易受雜訊干擾之電路，其裝配位置應儘量靠近電源
③裸銅線焊接於電路板上時，彎曲角度以90°與45°為原則
④在安裝較大瓦特值的電阻器時，必須要與 PC 板保持散熱距離。

( ) 51. 依據本職類技能檢定銲接作業規則，下列敘述何者正確？
①銲接面須使用裸銅線，且其間距不得小於 2.5mm
②銲接後之接腳長度不得超過 0.5mm，但 IC 座不需剪除
③裸銅線轉折處應銲接，且兩銲點間之空點不得超過 10 個
④銲接時銲錫量應適中，不得有氣泡及冷銲現象。

( ) 52. 使用萬用板裝配電子元件並加以銲接時，下列敘述何者正確？
①小型元件優先裝配
②裸銅線應平貼板面
③裸銅線轉折處必須銲接
④ 1W 以上電阻器需平貼板面。

( ) 53. 世界知名組織對無鉛銲錫的定義，下列何者正確？
①美國 JEDEC：< 0.5 wt% Pb
②日本 JEIDA：< 0.1 wt% Pb
③歐盟 EUELVD：< 0.1 wt% Pb
④國際 OPEC：< 0.05 wt% Pb。

( ) 54. 在表面黏著技術 SMT 生產製程中，在貼片階段可能產生的不良現象
①側立　②冷焊　③反面　④連錫。

( ) 55. 表面黏著元件 SMD 的修補工具為何？
①烙鐵　②拆焊台　③吸錫器　④ IC 拔取器。

答案

48. ①② 49. ①③ 50. ③④ 51. ①②④ 52. ①②③ 53. ②③ 54. ①③ 55. ①②③

( ) 56. 一般 SMD 製程中使用的錫膏，其成份包含
①助焊劑　②鉛粉　③矽粉　④錫粉。

( ) 57. 下列何者是 2 層板的 PCB 設計 Power/GND 鋪銅處理重要的考慮因素？
①隔絕雜訊　②電源供應穩定　③打 Via 換層的位置　④ GND 銅箔的均勻分布。

( ) 58. 在 PCB 佈線設計中為了做出優質的電子產品，需整合哪些人員的設計概念？
① EMI 工程師　②安規工程師　③機構工程師　④軟體工程師。

( ) 59. 鋼板的開孔型式？　①方形　②本疊板形　③圓形　④三角形。

答案

56.　①④　57.　①②④　58.　①②③　59.　①②③

工作項目 05：電子學與電子電路

( ) 1. N 型半導體中，有較多的自由電子，因此其帶電性為
①帶有正電　②帶有負電　③偶而帶電　④電中性。

( ) 2. 有一共集極電晶體放大電路之負載電阻 $R_L = 1k\Omega$，且電流增益 hfe (或 β 值)為 100，假設電晶體的 hie 可忽略不計，則此放大電路輸入阻抗為
① 10kΩ　② 11kΩ　③ 101kΩ　④ 1MΩ。

( ) 3. 欲使 P 通道增強型 MOSFET 導通，其閘極偏壓 V_{gs} 應加
①正電壓　②負電壓　③正、負電壓均可　④零電壓。

( ) 4. 一般放大器之頻率響應曲線，在截止頻率處之電壓增益為最大電壓增益之
① 0.707　② 0.632　③ 0.5　④ 0.25　倍。

( ) 5. 在三級 RC 相移振盪器中，其電路增益 A 必須
①小於 29　②大於 29　③等於 0　④近似於無限大。

( ) 6. 一個理想運算放大器共模訊號之拒斥能力以 CMRR 來表示，一般為
①小於 1　②等於 0　③近似於 1　④近似於無限大。

( ) 7. 如右圖電路，若採用理想的運算放大器，則輸出電壓
為　①–2V　②–1.5V　③ 1.5V　④ 2V。

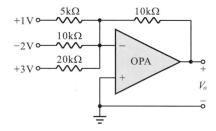

( ) 8. 全波整流電路中，輸出電壓的平均值為峰值的幾倍
① $1/\pi$　② $2/\pi$　③ $3/\pi$　④ $4/\pi$。

( ) 9. 一個理想的互導放大器，其輸入阻抗 R_i 與輸出阻抗 R_o 應為
① $R_i = \infty$，$R_o = 0$　② $R_i = 0$，$R_o = \infty$　③ $R_i = 0$，$R_o = 0$　④ $R_i = \infty$，$R_o = \infty$。

( ) 10. 電波頻率為 1500 仟赫，其電波的波長為
① 2 公尺　② 20 公尺　③ 200 公尺　④ 2 公里。

( ) 11. 共射極電晶體電路中，射極電流為 5mA，基極電流為 0.1mA，則其電流增益為
① 39　② 49　③ 59　④ 69。

( ) 12. 巴克豪生振盪準則(Barkhausen Criterion)是
① $\beta A < 1 \angle 0°$　② $\beta A = 1 \angle 0°$　③ $\beta A = 1 \angle 180°$　④ $\beta A < 1 \angle 90°$。

( ) 13. 放大器中加入負回授之主要目的是
①增加穩定度　②提高增益　③產生振盪　④增加功率。

答案

1. ④　2. ③　3. ②　4. ①　5. ②　6. ④　7. ②　8. ②　9. ④　10. ③
11. ②　12. ②　13. ①

( ) 14. 一個理想電壓放大器,其輸入電流 I_i 及輸入阻抗 R_i 分別為

①　$I_i=\infty$,$R_i=0$　②　$I_i=0$,$R_i=0$　③　$I_i=\infty$,$R_i=\infty$　④　$I_i=0$,$R_i=\infty$。

( ) 15. 如下圖為 *CE* 放大電路之交流等效電路,$h_{fe}=50$,$h_{ie}=1\text{k}\Omega$,則基極的輸入阻抗為

①　1kΩ　②　10kΩ　③　52kΩ　④　104kΩ。

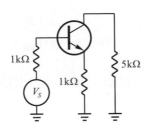

( ) 16. 在 *CE* 放大器上使用的射極旁路電容器,其作用是

①阻止直流電壓通過射極電阻

②濾波

③使電壓增益不致因射極電阻而大為降低

④抑制振盪。

( ) 17. 電晶體的 I_{co} 為 10nA,而其 I_{ceo} 為 1μA 由此可估計此電晶體的 β 約為

①　1　②　10　③　50　④　100。

( ) 18. 飽和型電晶體開關電路比非飽和型開關電路速度慢,其主要原因為前者

①儲存時間較長　②上昇時間較長　③下降時間較長　④延遲時間較長。

( ) 19. 如右圖之截波(Clipper)電路,若$-6\text{V} \leqq V_i \leqq 6\text{V}$,

二極體為理想二極體,則 V_o 的大小為

①　$1.5\text{V} \leqq V_o \leqq 3\text{V}$

②　$3\text{V} \leqq V_o \leqq 6\text{V}$

③　$-3\text{V} \leqq V_o \leqq -1.5\text{V}$

④　$-6\text{V} \leqq V_o \leqq -3\text{V}$。

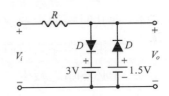

( ) 20. 如右圖電路,欲使電晶體飽和,則 R_b 之值應小於

①　βR_c　　　　　　　②　R_c

③　$2\beta R_c$　　　　　　④　R_c/β。

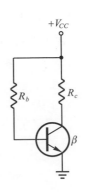

答案

14. ④　15. ③　16. ③　17. ④　18. ①　19. ①　20. ①

( ) 21. 就達靈頓對(Darlington-Pair)而言
①輸出阻抗低，電流增益小於 1　　②輸出阻抗低，電流增益等於 1
③輸出阻抗低，電流增益甚高　　④輸出阻抗及電流增益皆甚高。

( ) 22. 電晶體 CE 放大之混合參數(h 參數)等效之輸入電壓可等於：
①$V_{BE} = h_{oe}I_B + h_{oe}V_{CE}$　　②$V_{BE} = h_{ie}I_B + h_{oe}V_{CE}$
③$V_{BE} = h_{oe}I_B + h_{re}V_{CE}$　　④$V_{BE} = h_{ie}I_B + h_{re}V_{CE}$。

( ) 23. 如下圖電路，依據米勒定理(Miller'sTheoren)，兩圖為等效電路，設 $K = \dfrac{V_2}{V_1}$，則 Z_1 及 Z_2

分別為

①$Z_1 = \dfrac{Z'}{1-K}$, $Z_2 = \dfrac{Z'}{1-\dfrac{1}{K}}$　　　②$Z_1 = \dfrac{KZ'}{1-K}$, $Z_2 = \dfrac{KZ'}{K-1}$

③$Z_1 = \dfrac{Z'}{K-1}$, $Z_2 = \dfrac{Z'}{K-1}$　　　④$Z_1 = \dfrac{Z'}{K-1}$, $Z_2 = \dfrac{\dfrac{Z'}{K}}{K-1}$

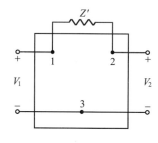 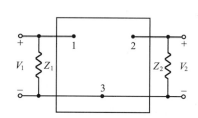

( ) 24. 當共射極放大器之集極電流增大時，其集極功率損耗
①視工作點的位置決定增加或減少　　②必然隨之增加
③必然隨之減少　　④必將導致熱跑脫。

( ) 25. 有一電晶體 $\beta = 100$，測得基極電流 $I_B = 0.4mA$，集極電流 $I_C = 4mA$，則此電晶體工作
於何區？　①工作區　②飽和區　③截止區　④電阻區。

( ) 26. 靴帶式(Bootstrap)射極隨耦器的主要特點為
①輸出阻抗極高　②輸入阻抗極高　③電壓增益極高　④輸入阻抗極低。

答案

21. ③　22. ④　23. ①　24. ①　25. ②　26. ②

( ) 27. 如下圖所示的箝位電路，當輸入為 $10\sin\omega t$ 時，則輸出 V_o 為何？

①

②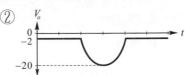

③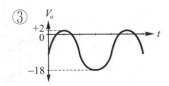

④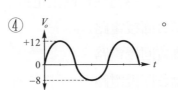

。

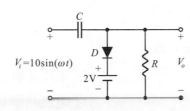

( ) 28. 達靈頓對(Darlington-Pair)的總電流增益約為
① $h_{fe1} \cdot h_{fe2}$ ② $h_{fe1} + h_{fe2}$ ③ h_{fe1} / h_{fe2} ④ h_{fe2} / h_{fe1}。

( ) 29. 電晶體放大電路中，下列何者是影響放大器高頻響應的主因
①電晶體的極際電容 ②耦合電容 ③射極傍路電容 ④反耦合電容。

( ) 30. 產生 B 類推挽放大器交叉失真的原因為
①輸入信號過大　　　　　　　②阻抗不匹配
③功率放大倍數過大　　　　　④電晶體 B-E 偏壓過低。

( ) 31. 在工作中之功率電晶體，若已知其接合面溫度 $T_j = 120℃$，週圍溫度 $T_a = 20℃$，接合面
消耗功率 $P_d = 40W$，則其熱阻 θ_{ja} 為
① $2℃/W$ ② $2.5℃/W$ ③ $3.5℃/W$ ④ $4℃/W$。

( ) 32. 輸入信號為 $5\text{Sin}10\,t + 6\text{Sin}20\,t$，而輸出信號為 $20\text{Sin}10\,t + 18\text{Sin}20\,t$，則此放大器具有
下列何種失真？　①頻率失真　②非線性失真　③波幅失真　④互調失真。

( ) 33. 放大器在其高頻或低頻截止頻率時的功率增益，為其中頻段功率增益的若干倍？
① $\sqrt{2}$ ② 2 ③ $1/\sqrt{2}$ ④ 1/2。

( ) 34. FET 的 I_{DSS} 是在下列何種條件下所測得的 V_{DS}？
① $I_{DS} = 0V$ ② $V_{GS} = 0V$ ③ $V_{GG} = 0V$ ④ $V_{DD} = 0V$。

( ) 35. 某一放大器其頻帶寬為 20kHz，若加上負回授使其雜訊衰減了 10 倍，則此放大器的頻
寬變為多少？　①40kHz　②100kHz　③120kHz　④200kHz。

答案

27. ③　28. ①　29. ①　30. ④　31. ②　32. ①　33. ④　34. ②　35. ④

( ) 36. 電流串聯負回授，會使電路的輸入阻抗 R_i、及輸出阻抗 R_o 產生何種變化？

    ① R_i 增加、R_o 增加   ② R_i 增加、R_o 減低

    ③ R_i 減低、R_o 增加   ④ R_i 減低、R_o 減低。

( ) 37. 如右圖所示電路為何種負回授電路？

    ①電壓串聯負回授電路

    ②電壓並聯負回授電路

    ③電流串聯負回授電路

    ④電流並聯負回授電路。

( ) 38. 下列何者較適合做互導放大器？

    ①電壓串聯負回授電路   ②電壓並聯負回授電路

    ③電流串聯負回授電路   ④電流並聯負回授電路。

( ) 39. 如下圖所示電路，其振盪頻率 f 為何？

    ① $1/(2\pi RC)$ ② $1/(2\pi(\sqrt{3})RC)$ ③ $1/(2\pi(\sqrt{6})RC)$ ④ $1/(2\pi(\sqrt{10})RC)$。

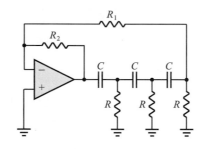

( ) 40. 有關韋恩電橋振盪器之敘述，下列何者不正確？

    ①正回授量 $\beta = 1/3$ ②同時具有正、負回授

    ③屬於 RC 振盪電路的一種   ④其負回授是經由電抗臂完成。

( ) 41. 石英晶體振盪器較 LC 振盪器之優點為何？

    ①振盪頻率範圍較廣   ②振盪頻率較穩定

    ③振盪頻率較於調整   ④振盪器信號的振幅較大。

( ) 42. 採用電容分壓方式來做正回授的是下列何種振盪器？

    ①考畢子振盪器   ②哈特萊振盪器

    ③阿姆斯壯振盪器   ④負電阻振盪器。

答案

36. ①   37. ②   38. ③   39. ③   40. ④   41. ②   42. ①

( ) 43. 如右圖所示電路，若 Q_1、Q_2 導通時之 $V_{be}=0.5\text{V}$，
飽和時 $V_{ce(\text{sat})}=0\text{V}$，則此電路之上限觸發電壓為

① 0.5V   ② 2.5V

③ 4.5V   ④ 6.5V。

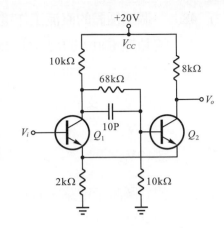

( ) 44. 如右圖所示之無穩態多諧振盪器，電晶體的 β、
R_b、及 R_c 間的關係為何？

① $R_c < \beta R_b$ ② $R_c > R_b$

③ $\beta R_c < R_b$ ④ $\beta R_c > R_b$。

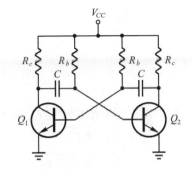

( ) 45. 如右圖所示為 IC555 所構成的電路，下列敘述何
者不正確？

① 為一無穩態多諧振盪器

② 振盪週期 $T=0.7(R_a+2R_b)C$

③ V_o 為高電位的時間 $t_h=0.7(R_a+R_b)C$

④ V_o 為低電位的時間 $t_l=0.7R_aC$。

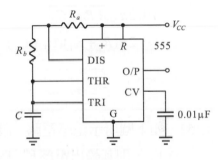

( ) 46. 如右圖所示電路，其 h 參數中的 h_{11} 為

① 5kΩ   ② 10kΩ

③ 15kΩ   ④ 20kΩ。

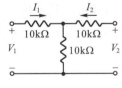

( ) 47. 如右圖所示之偏壓電路，其熱穩定因數ST為

① 0   ② 1

③ R_c/R_b ④ $1+\beta$。

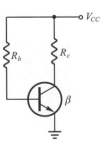

答案

43. ③   44. ④   45. ④   46. ③   47. ④

( ) 48. 一個二極體的直流工作電流為 I_d，則在常溫下，此二極體對交流小信號而言所呈現的交流動態電阻 r 約為 ① $25mV/I_d$ ② $25mV \times I_d$ ③ $I_d/25mV$ ④ $25mV(I_d+1)$。

( ) 49. 如右圖所示電路，若 $V_{o(sat)} = \pm 12V$，則此電路的上限電壓 V_{ut} 及下限電壓 $V_{\ell t}$ 為

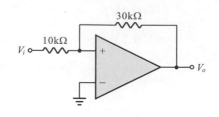

①±1V　　　　②±4V

③±9V　　　　④±12V。

( ) 50. 如右圖所示電路，若 $V_1 = 3V$、$V_2 = -1V$，則 V_o 為

①−8V　　　　②−4V

③4V　　　　④8V。

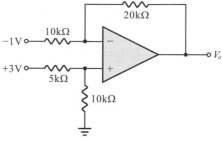

( ) 51. 如右圖所示振盪電路，其振盪頻率為

① $1/2\pi\sqrt{R_1 C_1}$

② $1/2\pi\sqrt{R_3 R_4 C_1 C_2}$

③ $1/2\pi\sqrt{R_1 R_2 C_1 C_2}$

④ $1/2\pi(R_3 + R_4)(C_1 + C_2)$。

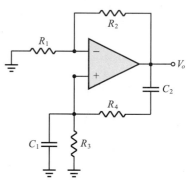

( ) 52. 如下圖所示穩壓電路，設電晶體 B 與 E 間的順向壓降為 V_{be}，稽納二極體的稽納電壓為 V_Z，則其輸出電壓 V_{out} 為

① $V_{out} = V_{in} + V_Z - V_{be}$　　　　② $V_{out} = V_{be}(1 + R_1/R_2)$

③ $V_{out} = V_Z(1 + R_1/R_2)$　　　　④ $V_{out} = (V_Z + V_{be})(1 + R_1/R_2)$。

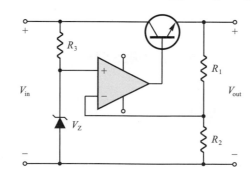

答案

48. ①　49. ②　50. ④　51. ②　52. ③

( ) 53. 如下圖所示為一相鎖 PLL 迴路，其輸出信號的頻率 f_{out} 與輸入信號的頻率 f_{in} 之間的關係為何？　① $f_{out} = f_{in} \cdot N$　② $f_{out} = f_{in}/N$　③ $f_{out} = f_{in}$　④ $f_{out} = 2(f_{in})N$ 。

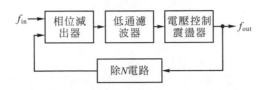

( ) 54. 如下圖所示為一定電流源電路，流經 R_L 的電流 I 恆為

①5mA　②10mA　③15mA　④20mA。

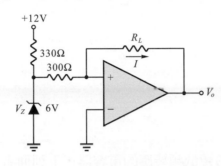

( ) 55. 超外差接收機的頻率選擇性，主要是由接收機中的哪一個電路來決定？

①射頻放大器　②本地振盪器　③變頻電路　④中頻放大器。

( ) 56. 如右圖所示為一個低通主動濾波器電路，下列敘述何者

正確？

①其低頻截止頻率 $f_L = 1/(2\pi RC)$

②其高頻截止頻率 $f_H = 1/(2\pi RC)$

③其高頻截止頻率 $f_H = 1/(2\pi \sqrt{(RC)})$

④其低頻截止頻率 $f_L = 1/(2\pi \sqrt{(RC)})$ 。

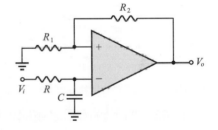

( ) 57. 已知電阻器(R)之 $V\text{-}i$ 特性曲線為 ，

二極體(D)之 $V\text{-}i$ 特性曲線為 時，

如右圖所示之電路的 $V\text{-}i$ 特性曲線為

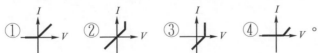

53. ①　54. ④　55. ④　56. ②　57. ②

( ) 58. 如右圖所示電路，其二極體 D 的作用為
①補償 I_{co} 的變化
②補償 V_{be} 的變化
③保護電晶體
④整流用。

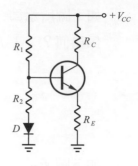

( ) 59. 如右圖所示電路，下列敘述何者有誤？
① R_E 開路時電晶體截止
② R_E 開路時 $V_C = V_{CC}$
③ R_2 短路時，$V_E = 0V$
④ R_1 開路時，$V_C = 0V$。

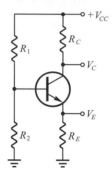

( ) 60. 電晶體放大電路中會影響低頻響應的電容器，下列何者為正確？
①交連電容 ②傍路電容 ③交連與傍路電容 ④雜散電容。

( ) 61. 如下圖所示之電路為
①對數放大器 ②指數放大器 ③均值檢出器 ④峰值檢出器。

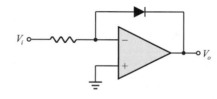

( ) 62. 如下圖所示之電路的輸入阻抗 (R_{in}) 與輸出阻抗 (R_{out}) 分別為
① $R_{in} \to \infty$，$R_{out} \to \infty$ ② $R_{in} \to \infty$，$R_{out} \to 0$
③ $R_{in} \to 0$，$R_{out} \to \infty$ ④ $R_{in} \to 0$，$R_{out} \to 0$。

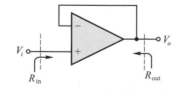

答案

58. ②   59. ④   60. ③   61. ①   62. ②

( ) 63. 如下圖所示電路為單極點放大器，已知 0dB 時頻寬為 500kHz，則閉迴路頻寬為
① 500kHz ② 400kHz ③ 125kHz ④ 100kHz。

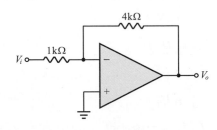

( ) 64. 如下圖所示電路，這是一個典型的
①低通濾波器 ②高通濾波器 ③峰值檢出器 ④對數電路。

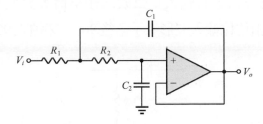

( ) 65. 輸送線之入射波振幅為 25V，反射波振幅為 5V，其駐波比(VSWR)為
① 5 ② 1/5 ③ 3/2 ④ 2/3。

( ) 66. 有一放大電路，其輸入阻抗為 100KΩ，輸出阻抗為 1kΩ，當輸入 2mV 信號而輸出為 2V
的狀況下，則此放大電路的功率增益為 ① 30dB ② 58dB ③ 80dB ④ 100dB。

( ) 67. 若積分電路中，T_s 為信號周期，T 為電路中之時間常數，若欲得到較佳之積分特性則
① $T_s \gg T$ ② $T_s \ll T$ ③ $T_s = T$ ④兩者無關。

( ) 68. 已知一電晶體 $\beta = 10$，則 α 為 ① 0.95 ② 0.909 ③ 0.99 ④ 1.1。

( ) 69. FET 在低的 V_{DS} 時，可視為 ①定電流器 ②定電壓器 ③電阻 ④電感器。

( ) 70. 一個 80W 的電晶體(在 25℃ 下的額定)，其衰減因素為
0.5W/℃，則在 125℃ 溫度下，其最大功率消耗值為
① 30W ② 40W ③ 50W ④ 60W。

( ) 71. 如右圖電路中，若該矽電晶體之 $h_{fe} = 30$，$I_{CBO} = 0$，則
此電晶體動作為
①截止 ②飽和 ③工作 ④不動作。

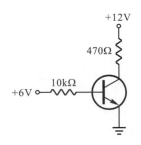

答案

63. ③ 64. ① 65. ③ 66. ③ 67. ② 68. ② 69. ③ 70. ① 71. ③

( ) 72. 如右圖之放大器中,若$V_i = 2V$,則V_o為
　　　① 2V　　　　　② 4V
　　　③ 8V　　　　　④ 12V。

( ) 73. 電壓增益+ 6dB,相當於電壓放大
　　　① 2 倍　　　　② 3 倍
　　　③ 4 倍　　　　④ 6 倍。

( ) 74. 某放大器增益為 40,若加上負回授電路,回授量是輸入信號的 10%,則其總增益為
　　　① 4　② 8　③ 12　④ 24。

( ) 75. 如下圖所示高通濾波器,若輸入正弦波之頻率恰等於此電路之−3dB 頻率時(截止頻率),則輸出波形的相位比輸入波形　①落後90°　②領先90°　③落後45°　④領先45°。

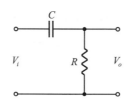

( ) 76. 在史密特觸發電路中,若加入一規則的三角波之觸發信號(如正弦波),則其輸出波形為
　　　①方波　②正弦波　③不規則矩形波　④鋸齒波。

( ) 77. 如右圖電路中,其電流 I 為　① 1A　② 2A　③ 3A　④ 4A。

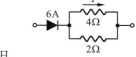

( ) 78. 若 5kΩ、5W 與 5kΩ、2W 之兩個電阻器相串聯,則其等值電阻
與瓦特數各為　① 5kΩ、7W　② 10kΩ、7W　③ 10kΩ、6W　④ 10kΩ、4W。

( ) 79. 如右圖所示,在 1Ω 兩端之壓降為何?(圖中電阻的單位均為 Ω)
　　　① 1V　② 1.2V　③ 1.5V　④ 2V。

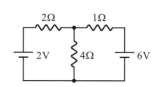

( ) 80. 如下圖,設 $V_{O(sat)} = \pm 12V$,求臨界電壓上限 V_U 為多少?
　　　① + 6V　② −6V　③ + 12V　④ −12V。

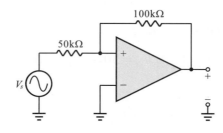

答案

72. ④　73. ①　74. ②　75. ④　76. ①　77. ②　78. ④　79. ④　80. ①

( ) 81. 如下圖，設稽納二極體 $I_{z(min)} = 0\text{mA}$，$V_z = 10\text{V}$，$P_z = 400\text{mW}$，求達到正常穩壓時之 R_L 最大值為多少？ ① 100Ω ② 250Ω ③ 500Ω ④ 1000Ω。

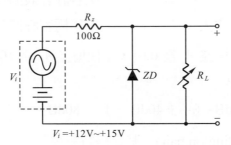

( ) 82. 如下圖，倍壓電路中，設 D_1、D_2、D_3 皆理想二極體，求直流平均輸出電壓 V_O 為多少？ ① 0V ② $+5\text{V}$ ③ -5V ④ $+10\text{V}$。

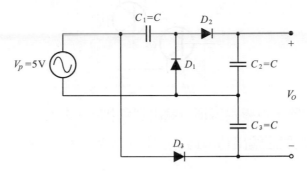

( ) 83. 若某電路的頻率轉移函數 $H(f)$ 呈 -20dB/decade 衰減，是表示其轉換增益隨頻率每增加 10 倍，其增益下降為原來的 ① 0.01 ② 0.1 ③ 10 ④ 100。

( ) 84. 如下圖，Q_1 與 Q_2 的 V_{BE} 均視為 0.6V，求 I_{out} 的限流值為 ① 0.5mA ② 1mA ③ 0.5A ④ 1A。

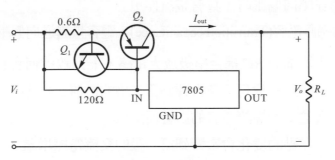

( ) 85. 某電壓調節電路，當空載 $(I_L = 0)$ 時，輸出 V_O 為 10V，當滿載 $(I_L = 100\text{mA})$ 時，輸出 V_O 為 9.5V，則其負載調整率為多少？ ① $+5\%$ ② $+5.26\%$ ③ -5% ④ -5.26%。

( ) 86. 如右圖，電路的電壓增益為 100 倍，求電路有效輸入電容量 C_{in} 約為多少？ ① 0.1pF ② 1pF ③ 10pF ④ 100pF。

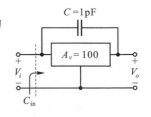

答案

81. ④ 82. ② 83. ② 84. ④ 85. ② 86. ④

( ) 87. 關於熱阻(thermal resistance)愈大的電晶體，下列敘述何者正確？
①接合面的溫度愈低　　　　　　　②容許外殼溫度愈高
③接合面與外殼溫差愈大　　　　　④集極容許消耗功率愈大。

( ) 88. 設差動放大器的共模增益 A_C 為 0.01，差模增益 A_D 為 100，則此差動放大器的共模拒斥比 CMRR 應為若干？
①　+10dB　②　+20dB　③　+40dB　④　+80dB。

( ) 89. 如下圖達靈頓對(Darlington pair)，其電路特質為？
①異型 PNP 靈頓對　②同型 PNP 靈頓對　③異型 NPN 靈頓對　④同型 NPN 靈頓對。

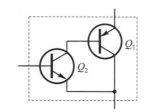

( ) 90. 某甲類功率放大器，以變壓器耦合輸出到負載時，若 $V_{CC} = 20V$，$N_P : N_S = 5$，喇叭阻抗為 8Ω，則最大理想輸出功率為？　①0.25W　②0.5W　③0.75W　④1W。

複選題

( ) 91. 下列有關二極體特性之描述何者正確？
①稽納二極體摻雜濃度高於一般二極體
②稽納二極體工作於逆向偏壓，具有穩壓作用
③稽納二極體在順向偏壓時，具有整流作用
④二極體內的過渡電容(Transition capacitance)，電容量隨逆向偏壓增加而增加。

( ) 92. 兩個共射極放大器構成 RC 耦合串級放大電路，下列敘述何者正確？
①第一級直流工作點的變化不會影響到第二級的直流工作點
②高頻的電壓增益受到極際電容的影響而降低
③第一級直流工作點的變化會影響到第二級的交流電壓增益
④低頻的電壓增益受到耦合電容的影響而降低。

答案

( )　93.　如下圖所示之電路，下列敘述何者正確？

①該電路為 RC 耦合電路，容易隔離兩級間直流電壓的相互干擾

②R_1、R_2 為偏壓電阻，提供電晶體偏壓

③C_{E2} 為旁路電容，可提高電壓增益

④R_{E1} 及 R_{E2} 為正回授電阻，可穩定直流偏壓，不受溫度變化影響。

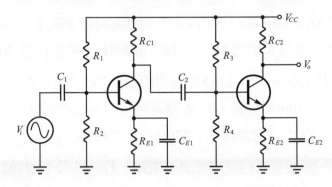

( )　94.　下列哪些型振盪器之輸出電壓為正弦波？

① RC 相移振盪器　　　　　　　　　②電晶體組成不穩態多諧振盪器

③ Wien bridge 振盪器　　　　　　　④ Colpitts 振盪器。

( )　95.　電阻器在下列哪些情況會過熱而燒毀？

① 0.5kΩ-1W 電阻器流過 50mA　　　② 3W 電阻器流過 0.3A 與兩端電壓為 13V

③ 2kΩ-1/2W 電阻器兩端電壓為 20V　④ 1-3.5W 電阻器流過 2A。

( )　96.　已知一顆高亮度 LED 正常點亮的順向電壓為 3.2V 與順向電流為 10～15mA，則下列哪些為下圖中 R_1 合理值？　① 390Ω　② 270Ω　③ 200Ω　④ 100Ω。

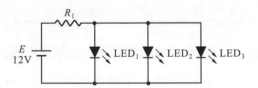

( )　97.　下列哪些元件具有正電阻的特性？

①稽納二極體　②隧道(透納)二極體　③變容二極體　④場效應電晶體。

( )　98.　理想的電壓運算放大器(OPA)的敘述，下列何者正確？

①輸入阻抗 = 無限大；輸出阻抗 = 0

②輸入阻抗 = 0；輸出阻抗 = 無限大

③輸入阻抗 = 無限大；輸出阻抗 = 無限大

④頻帶寬度 = 無限大；輸出增益 = 無限大。

答案

93.　①②③　94.　①③④　95.　①②④　96.　②③　97.　①③④　98.　①④

( ) 99. 關於電子電路回授的敘述，下列何者正確？

①正回授常用來產生震盪

②負回授會降低電路之電壓增益

③回授是指將放大器的輸出訊號取出一部分或全部分，重新送回輸入電路

④負回授可以穩定電路，但是容易使輸出波形失真。

( ) 100. 已知交流電壓 $v(t) = 5\sin(60t + 30°)V$，下列敘述何者正確？

①有效值為 5V　②最大值為 5V　③頻率為 60Hz　④相角為 30°。

( ) 101. 如右圖所示，若 $V_{CC} = 5V$，LED 順向電壓為 1.7V，順向電流界定在 10mA～20mA 之間，則 R_x 應可選用下列哪些電阻較合適？　①150Ω　②220Ω　③270Ω　④300Ω。

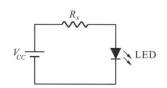

( ) 102. 如下圖所示為一典型直流穩壓電源調整電路，$V_{be} = 0.7V$，其輸出電壓可調整之範圍，下列敘述何者正確？

①最小 2.7V　②最小 3.3.V　③最大 18.3V　④最大 21V。

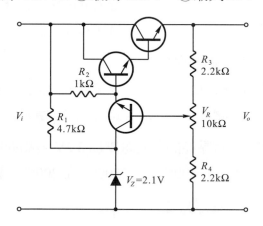

( ) 103. BJT 電晶體各種組態中，下列哪幾項屬於 CC 組態的特徵？

①電流增益最高　②輸入阻抗最高　③電壓增益最高　④輸出阻抗最高。

( ) 104. 橋式全波整流電路如右，下列敘述何者正確？

①D_1、D_4 順向偏壓時，D_2、D_3 逆向偏壓

②D_2、D_3 順向偏壓時，D_1、D_4 逆向偏壓

③D_1、D_2 順向偏壓時，D_3、D_4 逆向偏壓

④D_3、D_4 順向偏壓時，D_1、D_2 逆向偏壓。

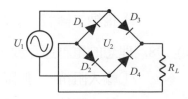

( ) 105. 場效電晶體(FET)包含哪些應用？

①壓變電阻　②電阻負載　③負電阻　④記憶裝置。

答案

99. ①②③　100. ②④　101. ②③④　102. ②③　103. ①②　104. ①②　105. ①②④

( ) 106. 右圖半波整流電路中，輸入電壓

$V_i(t) = 200\sin(377t)$V，下列敘述何者正確？

①$V_o(t)$的頻率為 60Hz

②$V_o(t)$的有效值為 63.6V

③$V_o(t)$的平均值為 100V

④二極體的 PIV 值為 200V。

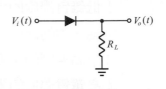

( ) 107. 理想運算放大器的特性，下列敘述何者正確？

①輸出阻抗為無限大

②差動輸入時，共模拒斥比(CMRR)無限大

③輸入阻抗為零，即輸入電流 $I_i = 0$

④頻帶寬度無限大。

( ) 108. 下圖 CE 放大器中，$V_{CC} = 20$V，$\beta = 120$，$V_{BE} = 0.7$V，下列何者正確？

① $I_B = 28.38\mu A$　② $I_C = 1.86mA$　③ $V_{CE} = 11.26V$　④ $V_{BC} = 10.56V$。

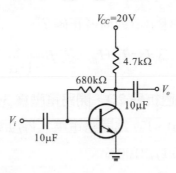

( ) 109. 有關電晶體直流組態中，下列敘述何者正確？

①就輸入阻抗而言 $CB < CE < CC$

②功率增益以 CE 組態最大

③放大器的後級使用 CC 組態是為了作阻抗匹配和放大電流用

④就電壓放大倍數比較，50 比 −50 來得大。

( ) 110. 有關二極體的使用，下列敘述何者正確？

① 1N4001 為 PN 二極體編號

②一般有白色環狀帶或有標記的那一端為 P

③可使用三用電表歐姆檔測試二極體好壞

④所有二極體若要正常工作，皆需要加順向偏壓。

答案

106. ①④　107. ②④　108. ②③　109. ①②③　110. ①③

( ) 111. 下列敘述何者正確？

①低雜質濃度的半導體，溫度升高，電阻降低

②絕緣體的溫度升高，電阻增加

③金屬導體的溫度升高，傳導性增加

④高雜質濃度的半導體，溫度升高，電阻增加。

( ) 112. 在矽半導體材料中，摻入五價元素後，下列敘述何者正確？

①屬於 N 型半導體　　　　　　　②少數載子為電洞

③屬於 P 型半導體　　　　　　　④少數載子為電子。

( ) 113. 有關電晶體特性曲線敘述，下列何者正確？

①集極輸出特性曲線表示的是 V_{CE} 與 I_C 之間的關係

②基極輸入特性曲線表示的是 V_{BE} 與 I_B 之間的關係

③繪製集極輸出特性曲線時是以 I_C 為參考基準

④V_{CE} 對 V_{BE} 與 I_C 之間的關係影響很大。

( ) 114. 有關電晶體直流參數之敘述，下列何者正確？

①$\alpha = \dfrac{\beta}{1+\beta}$　②$I_E = \dfrac{\beta}{\alpha} I_B$　③$I_C = I_E + I_B$　④$\beta = \dfrac{\alpha}{1+\alpha}$。

( ) 115. 一部電源供應器，其輸出阻抗為 2Ω，開路電壓為 30V，滿載電流為 2.5A，VR 為電壓調整率(Voltage Regulation)、V_{NL} 為開路電壓、V_{FL} 為滿載電壓，下列何者正確？

①定義為 VR = $(V_{NL} - V_{FL})/V_{FL}$*100%

②定義為 VR = $(V_{NL} - V_{FL})/V_{NL}$*100%

③ VR = 20%

④ VR = 17.67%。

( ) 116. 如下圖電路中，下列何者正確？

① V_{ab} = 0V　② V_b = 68V　③ V_{db} = 10V　④ V_c = 68V。

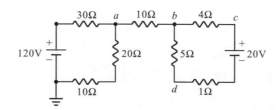

111. ①④　112. ①②　113. ①②　114. ①②　115. ①④　116. ①④

( ) 117. 如下圖電路中，下列何者正確？

①總電組 $R_T = 4\Omega$　　　　　　　②總電流 $I_T = 5A$

③流經 6Ω 的電流 $I_{6\Omega} = 0A$　　　④流經 2Ω 的電流 $I_{2\Omega} = 2.5A$。

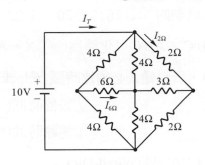

( ) 118. 有關磁力線之敘述，下列何者正確？

①磁鐵內部由 N 到 S

②磁力線無論進入或離開磁鐵均與其表面平行

③磁力線是封閉曲線

④磁力線彼此不相交。

( ) 119. 理想電壓源與電流源內阻，下列敘述何者正確？

①電壓源內阻愈大愈好　　　　　　②電流源內阻愈小愈好

③電壓源內阻愈小愈好　　　　　　④電流源內阻愈大愈好。

( ) 120. 有關電子電路中達靈頓(Darlington)放大器之特性，下列敘述何者正確？

①電壓增益高　②電流增益高　③輸入阻抗高　④輸出阻抗低。

( ) 121. 下列何者是振盪所必要的條件？　①必須是正回授　②回授因數 βA 必須為≥1　③必須有電感器　④必須有維持振盪的足夠能量。

( ) 122. 下列何者是負回授的優點？

①降低諧波失眞　②增進放大器穩定度　③減少相位失眞　④較佳的低輸入阻抗。

答案

117. ②③④　118. ③④　119. ③④　120. ②③④　121. ①②④　122. ①②③

工作項目 06：數位邏輯設計

( ) 1. 二進制 10110 相當於八進制的　①16　②20　③22　④26。

( ) 2. X = A'B'C' + A'B'C + AB'C' + AB'C 可化簡為　①X = A + C　②AB = AC　③B'　④A。

( ) 3. 在邊緣觸發型正反器中，資料輸入必須比時脈 (clock)觸發邊緣先到之最小時間，稱為
①保持時間(hold time)　　　　　　②設置時間(set-up time)
③延遲時間(delay time)　　　　　　④傳輸時間(Propagation time)。

( ) 4. 下列何種邏輯閘可接成線接或閘(Wired-OR)
①開集極閘　　　　　　　　　　②三狀態閘
③傳輸閘(transmission gate)　　　④圖騰柱輸出閘。

( ) 5. $00111001_{(2)}$ 相當於十進制的　①31　②39　③57　④105。

( ) 6. 對 J-K 正反器而言，下列何者為誤？
①當 $J = 0$，$K = 0$ 則 $Q_{n+1} = 0$　　　②當 $J = 1$，$K = 1$ 則 $Q_{n+1} = Q'_n$
③當 $J = 1$，$K = 0$ 則 $Q_{n+1} = 1$　　　④當 $J = 0$，$K = 1$ 則 $Q_{n+1} = 0$。

( ) 7. 利用 4 位元二進制加法器做 BCD 碼加法運算時，若結果超過 9，應加
①5　②6　③10　④16　來調整。

( ) 8. $38.25_{(10)}$ 轉換為 BCD 碼應為
①00111000.00100101　②100110.11001　③100110.1100　④1110111.1001。

( ) 9. 在下列 TTL 編號中何者具有最快的交換速度
①74H××　②74LS××　③74××　④74S××。

( ) 10. 具有 4Kbyte 記憶容量之記憶體其至少需具有多少位址線？
①10　②11　③12　④13。

( ) 11. 下列記憶體中何者需以紫外線來消除其原有資料？
①PROM　②EPROM　③EEPROM　④DRAM。

答案

1. ④　2. ③　3. ②　4. ①　5. ③　6. ①　7. ②　8. ①　9. ④　10. ③
11. ②

( ) 12. 右圖 CK 之輸入頻率爲 f，則其輸出

頻率爲

① f ② $f/2$

③ $f/3$ ④ $f/4$。

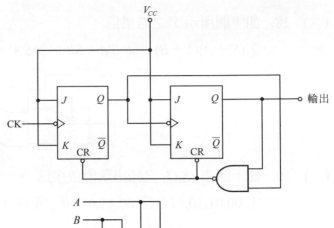

( ) 13. 如右圖中所示電路可做何使用？

①編碼器(encoder)或

  多工器(multiplexer)

②解碼器(decoder)或

  解多工器(demultiplexer)

③比較器

④編碼器。

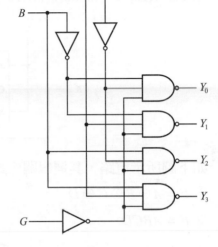

( ) 14. 右圖中當 $G = 0$，且 $A = 1$，$B = 0$ 時，

則其輸出 $Y_3Y_2Y_1Y_0$ 應爲

① 1111   ② 0000

③ 1101   ④ 0010。

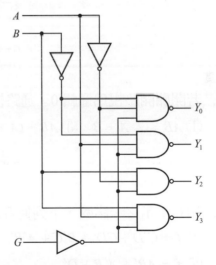

( ) 15. 3.625 轉換爲二進制應等於

① 101.101   ② 11.0101

③ 11.101   ④ 11.10011001。

( ) 16. 在 TTL 電路中下列何者正確？

① $V_{IH} \geqq 2.4V$，$V_{IL} \leqq 0.4V$

② $V_{IH} \geqq 2.0V$，$V_{IL} \leqq 0.8V$

③ $V_{IH} \geqq 2.4V$，$V_{IL} \leqq 0.8V$

④ $V_{IH} \geqq 2.0V$，$V_{IL} \leqq 0.4V$。

( ) 17. 泛用型暫存器(Universal register)不具下列哪項功能？

①串入－串出，並入－並出   ②並入－串出，並入－並出

③左、右移位   ④加法器。

 答案

12. ③   13. ②   14. ③   15. ③   16. ②   17. ④

( ) 18. 如下圖所示 Y 之結果為

①$(S' + A)(S + B)$　②$S'A + SB$　③$S'A' + SB$　④$(S'A)(S + B)$。

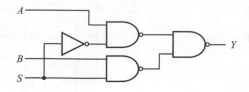

( ) 19. 如下圖中 $Q_B Q_A$ 之輸出狀態依序為

① 00,01,10,11　② 00,11,01,10　③ 00,11,10,01　④ 11,10,00,01。

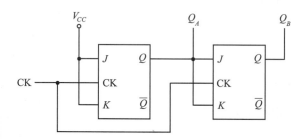

( ) 20. 如下圖所示電路，其邏輯關係式為

①$F = A \oplus B \oplus C \oplus D$　　　　②$F = A \odot B \odot C \odot D$

③$F = ABCD$　　　　　　　　　④$F = A + B + C + D$。

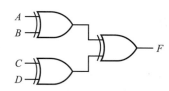

( ) 21. 若開關開路視為邏輯 0，通路視為邏輯 1，則如下圖所示電路 X 至 Y 電路的邏輯式為

①AB　②$A + B$　③$AB + (A + B)$　④$(A + B)' + AB$。

$X \; \underset{A}{\circ\!-\!\circ} \; \underset{B}{\circ\!-\!\circ} \; \cdots \; Y$

( ) 22. 如右所示之卡諾圖，下列何者為化簡後的結果

①$f = C'D + CD' + B'C + A'B'$

②$f = AB' + A'B + D'$

③$f = (B + C' + D')(B + C + D)$

④$f = A'C' + C'D + CD' + AB$。

CD\\AB	00	01	11	10
00	1	1	×	×
01	×	1	0	1
11	0	1	0	1
10	×	×	1	1

( ) 23. 低功率蕭特基 TTL(74LS)的傳播延遲(propagation delay)約為

① 1μs　② 100ns　③ 10ns　④ 1ns。

答案

18. ②　19. ①　20. ①　21. ①　22. ②　23. ③

( ) 24. 下列何者為 TTL 之圖騰柱(totem-pole)輸出級電路？

①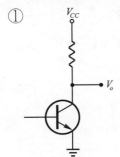

②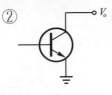

③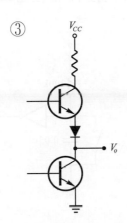

④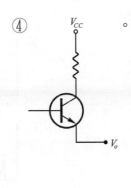

( ) 25. IC74LS90J 中的字母 J 代表下列何種意義？

① IC 的誤差等級   ② IC 工作溫度

③ 工作電流的範圍   ④ 包裝的類別。

( ) 26. 下列何者為布林代數式 $XY + X'Z + YZ$ 之化簡後的結果？

① $XY + X'Z$ ② $XY + YZ$

③ $X'Z + YZ$ ④ $X + Y + Z$。

( ) 27. 如下圖所示電路，其邏輯關係式為何？

① $Y = A \oplus B$ ② $Y = A + B$

③ $Y = AB$ ④ $Y = (A + B)(A + B)'$。

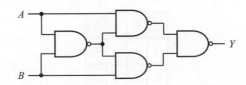

答案

24. ③   25. ④   26. ①   27. ①

( ) 28. 如下所示之卡諾圖，下列何者為化簡後的結果？

① $f(A,B,C) = A' + B$　　　　② $f(A,B,C) = A + B'$

③ $f(A,B,C) = A' + B + C$　　④ $f(A,B,C) = A + B' + C$ 。

C \ AB	00	01	11	10
0	1	×	×	×
1	1	×	1	0

( ) 29. 如下圖所示電路中之開關為常開(normallyopen)，若開關在 $t1$ 時按下，而後在 $t2$ 時放開，則其輸出波形為何？

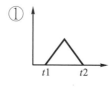
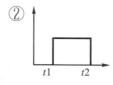
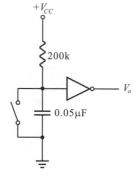

①　②　③　④　。

( ) 30. 根據狄莫根定理，可將 $(AB + BC + CA)'$ 改寫成下列何者？

① $(AB)' + (BC)' + (CA)'$　　　② $(A + B)'((B + C)(C + A))'$

③ $(A + B)'(B + C)'(C + A)'$　　④ $(AB)'(BC)'(CA)'$ 。

( ) 31.　$A \oplus A$ 可以等於下列何者？　①1　②0　③A　④A' 。

( ) 32.　CMOS 邏輯電路的特點為

①供給電源電壓範圍小　　　　②交換速度比 TTLIC 快

③雜訊免疫性最差　　　　　　④消耗功率極小。

( ) 33. 某數位電路之輸入為 A 與 B 端，輸出為 X 與 Y 端，其真值表如下表所示，則此邏輯電路為　①RS 正反器　②JK 正反器　③半加器　④全加器。

A	B	X	Y
1	1	1	0
0	0	0	0
0	1	0	1
1	0	0	1

答案

28. ①　29. ②　30. ④　31. ②　32. ④　33. ③

( ) 34. 下列何者爲順序邏輯電路？
①PLA ②移位暫存器 ③加法器 ④解碼器。

( ) 35. 布林函數 $F(A, B, C) = A'B'C' + A'B'C + AB'C' + AB'C + ABC'$ 化簡爲 $F =$
① $B + AC'$ ② $B' + AC'$ ③ $B' + A'C$ ④ $B + A'C$。

( ) 36. 如下圖所示爲半減器結構時，A 與 B 分別爲
① $A = $ XOR，$B = $ AND   ② $A = $ XNOR，$B = $ AND
③ $A = $ AND，$B = $ XOR   ④ $A = $ AND，$B = $ XNOR。

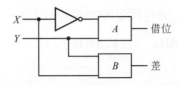

( ) 37. 已知某單擊器的工作週期爲 80%，且輸出脈衝寬度爲 100μs，則輸入到此單擊器之兩觸發信號間的最短時間爲 ① 25μs ② 50μs ③ 75μs ④ 125μs。

( ) 38. 如下圖所示之邏輯電路，輸出 F 爲 ① $A + B$ ② $A \cdot B$ ③ $\overline{A + B}$ ④ $A \oplus B$。

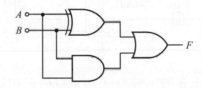

( ) 39. 傳輸速度最快的邏輯閘爲 ① TTL ② ECL ③ MOS ④ CMOS。

( ) 40. 將格雷碼 1011 轉換成二進碼爲 ① 1011 ② 1101 ③ 1110 ④ 1001。

( ) 41. $(101100)_2$ 之 1 的補數(1's Complement)爲
① $(010011)_2$ ② $(010100)_2$ ③ $(100001)_2$ ④ $(010111)_2$。

( ) 42. 如下圖所示，當 F_{in} 爲 1kHz 方波時，F_{out} 應爲
①邏輯位準"0" ②邏輯位準"1" ③ 1kHz 脈波 ④ 2kHz 脈波。

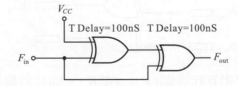

答案

34. ②   35. ②   36. ③   37. ④   38. ①   39. ②   40. ②   41. ①   42. ④

( ) 43. 如下圖所示，晶體振盪電路所使用的反或閘是 CMOS 元件 CD4001，請問圖中回授電
阻 R 應為何值，方能正常振盪？ ① 330Ω ② 1kΩ ③ 10kΩ ④ 1MΩ 以上。

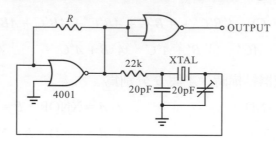

( ) 44. 如下圖所示，此一由 TTL 元件所組成的振盪電路，其輸出頻率(OUTPUT)應為
① 0Hz ② 3MHz ③ 6MHz ④ 12MHz。

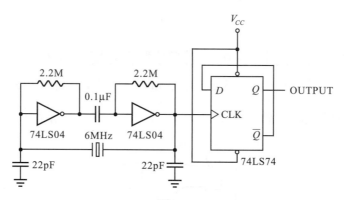

( ) 45. 有一同步計頻電路，係由 4 個不同型式的正反器所組成，其傳輸延遲(Propagationdelay)
時間分別為 20ns、40ns、50ns、100ns，請問此電路最高可量度的頻率為
① 10MHz ② 20MHz ③ 25MHz ④ 50MHz。

( ) 46. 如下圖所示，其應屬於下列何種編碼轉換電路？
① BCD/Binary ② Binary/BCD ③ Binary/Gray ④ Gray/BCD。

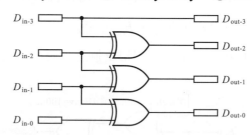

( ) 47. 若以 SN74HC00 來實現互斥或閘($F = A \oplus B$)，則共需幾個 SN74HC00 的 IC 元件？
① 2 個 ② 3 個 ③ 4 個 ④ 5 個。

答案

43. ④ 44. ② 45. ① 46. ③ 47. ①

乙級數位電子學科題庫與詳解

( ) 48. 在二進制的數字系統中,格雷碼(Gray)為一種重要的數碼系統,下列有關格雷碼的敘述何者為非?
①又稱反射碼或循環碼
②相鄰兩數只有一個位元改變,適用於卡諾圖
③是一種非加權碼
④適用於算術運算。

( ) 49. 下圖中 Y 的輸出為 0 的情況有幾種? ①9種 ②7種 ③5種 ④3種。

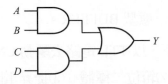

( ) 50. 如下圖電路,若 $A = B = C = 1$ 則輸出為?
①$X = 0$,$Y = 0$ ②$X = 1$,$Y = 0$ ③$X = 0$,$Y = 1$ ④$X = 1$,$Y = 1$。

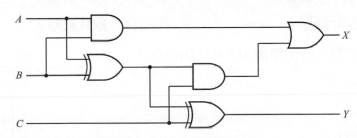

( ) 51. 如下圖,電路中時鐘 CK 的頻率 $f = 150\text{kHz}$,則輸出頻率 f_{O2} 為
①50kHz ②75kHz ③150kHz ④300kHz。

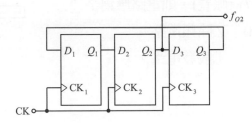

( ) 52. 如右圖,為一四位元的移位型暫存器,其輸出與輸
入特徵為
①並入並出 PIPO ②並入串出 PISO
③串入並出 SIPO ④串入串出 SISO。

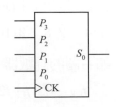

答案

48. ④ 49. ① 50. ④ 51. ① 52. ②

( ) 53. 如右圖爲一 RC 充電波形，若輸入電壓爲 E，求第一個 RC 時間常數的 A 點到第二個 RC 時間常數的 B 點間，電壓共增加若干？

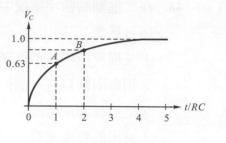

① 0.63E ② 0.37E

③ 0.63・0.37E ④ 0.63・0.63E。

( ) 54. 如右圖元件爲

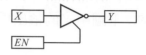

① NOT   ② SCR

③三態型 NOT   ④三態型 BUFFER。

( ) 55. 設工作電壓均爲 5V 條件下，以 TTL 電路去驅動 CMOS 電路時，必須在 TTL 輸出端加裝一個 ①提昇電容器 ②箝位二極體 ③提昇電阻器 ④接地電阻器。

( ) 56. 漣波計數器之特性，下列何者爲不正確？

①屬於非同步型計數器   ②可作上數計數器

③屬於同步型計數器   ④可作下數計數器。

( ) 57. 如右圖的卡諾圖，經化簡後 $Y(A,B,C,D)$ 應爲？

① $Y = A + B + C$

② $Y = A\overline{C} + \overline{A}C$

③ $Y = BD + \overline{BD}$

④ $Y = \overline{AC} + AC$。

CD \ AB	00	01	11	10
00	1	×	×	0
01	1	×	0	0
11	0	0	1	×
10	0	0	×	1

( ) 58. 如右圖，若 $5RC \ll Tw$(脈寬)，則電路應爲？

①單擊電路(OneShot)   ②除頻電路

③倍頻電路   ④觸發電路。

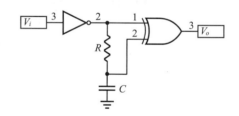

( ) 59. 四位元的強生(Johnson)計數器的除頻計數爲若干？

①4 ②8 ③16 ④32。

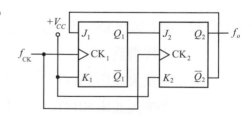

( ) 60. 如右圖的計數器，其輸出 f_o 爲？

① f_{CK} ② $f_{CK}/2$ ③ $f_{CK}/3$ ④ $f_{CK}/4$。

( ) 61. 對一個 n-inputXOR 閘，下列敘述何者正確？

①輸入爲偶數個 0，則輸出就爲 0   ②輸入爲偶數個 0，則輸出就爲 1

③輸入爲奇數個 1，則輸出就爲 1   ④輸入爲奇數個 1，則輸出就爲 0。

答案

53. ③   54. ③   55. ③   56. ③   57. ④   58. ③   59. ②   60. ③   61. ③

乙級數位電子學科題庫與詳解

( ) 62. 已知一積體電路使用半導體製程 90 奈米技術，其 90 奈米指 MOSFET 元件的
①長度 L　②寬度 W　③高度 H　④厚度 T。

( ) 63. SN74LS90IC 是下列何種元件？
①算術與邏輯運算單元　②中央處理單元　③計數器　④移位暫存器。

( ) 64. 下列何者是具有偶同位(EvenParity)的 ASCII 碼？
① 01001000　② 10101000　③ 11110001　④ 01010001。

( ) 65. 有關下列敘述何者不正確？
①CMOS 消耗功率較低　②ECL 速度較快　③TTL V_{CC} 電壓為+5V　④CMOS 傳輸延
遲(PropagationDelay)時間較 TTL 短。

( ) 66. 下列對開路集極驅動器的特性說明何者不正確？
①邏輯 1 時為高阻抗　②邏輯 0 時為低阻抗　③由高至低準位轉換快速　④由低至高
準位轉換快速。

( ) 67. 下列對 TTL 圖騰柱式輸出驅動器的特性說明何者不正確？
①阻抗不會變動　②由高至低準位轉換快速　③阻抗高　④由低至高準立轉換快速。

( ) 68. 下列何者不是 TTL 輸入端之重要特性？
①輸入電流準位　②輸入電壓準位　③雜訊免疫度　④延遲。

( ) 69. 下列何者不是解決開關彈跳現象的方法？
①單擊電路　②閂鎖電路　③軟體延時副程式　④電阻分壓電路。

( ) 70. 開路集極 TTL 與 CMOS 相連接時，下列敘述何者正確？
①外加提升電阻至 CMOS V_{DD} 端　②外加提升電容至 CMOS V_{DD} 端　③外加提升電阻
至 TTL V_{CC} 端　④外加提升電容至 TTL V_{CC} 端。

( ) 71. 共陽極七段顯示器的 e、f 及 dp 腳接高電位，其餘接腳接低電位，共同端接高電位，則
顯示器將會顯示　①0　②1　③2　④3。

( ) 72. 共陰極七段顯示器的 g 及 dp 腳接低電位，其餘接腳接高電位，共同端接低電位，則顯
示器將會顯示　①0　②1　③2　④3。

( ) 73. 十進制 36 的 BCD 碼為
① 0011100　② 00110110　③ 00101000　④ 01011000。

答案

62.　①　63.　③　64.　①　65.　④　66.　④　67.　③　68.　④　69.　④　70.　③　71.　④　72.　①
73.　②

乙級數位電子學術科解析(VHDL / Verilog 雙解)

( ) 74. 如右圖所示之 CD4510 BCD 計數器，下列敘述何者正確？
①U/D 是往上或往下計數的控制腳
②PE(preset enable)主要作用是將 Q 輸出清除為零
③CLK 是負緣觸發
④CI 在高電位時才能計數 。

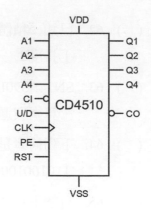

( ) 75. 二進制的 1.111 等於十進制的
① 1.875 ② 1.175 ③ 1.125 ④ 1.375。

( ) 76. 十六進制的 2EA 轉換成十進制為
① 736 ② 746 ③ 756 ④ 766。

( ) 77. 十進制的 105 等於二進制的
① 1101001 ② 1110100 ③ 1101010 ④ 1011001。

( ) 78. 如下圖所示，電路之輸入、輸出組合中，下列敘述何者正確？
①$(A,B,F)=(0,0,1)$ ②$(A,B,F)=(0,1,0)$ ③$(A,B,F)=(1,0,1)$ ④$(A,B,F)=(1,1,0)$。

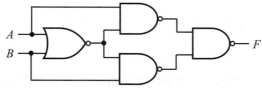

( ) 79. 如右圖所示，下列敘述何者正確？
①其功能為 NAND 閘
②其功能為 NOR 閘
③VDD 接負電壓時，電路正常動作
④屬於 TTL 邏輯族。

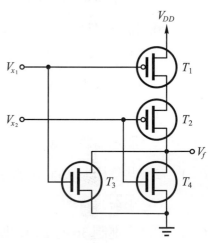

答案

74. ① 75. ① 76. ② 77. ① 78. ③ 79. ②

( ) 80. 已知邏輯電路如下圖，下列輸出函數何者正確？

① $Y_1(A,B,C)=\Sigma(0,3,5)$ ② $Y_2(A,B,C)=\Sigma(1,5,7)$

③ $Y_1(A,B,C)=\Sigma(0,2,3,5)$ ④ $Y_2(A,B,C)=\Sigma(5,6)$。

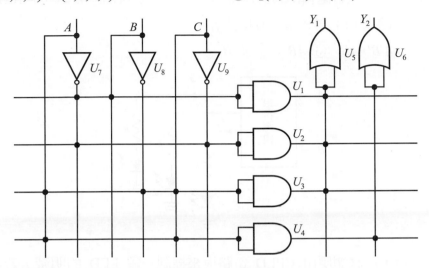

( ) 81. 如下圖所示，其功能之敘述下列何者正確？

①模數 3 計數器 ②下數計數器 ③上數計數器 ④同步計數器。

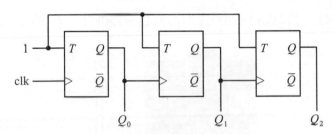

( ) 82. 下列何種邏輯閘能提供較大的驅動電流？

①史密特邏輯閘 ②開集極邏輯閘 ③三態輸出邏輯閘 ④互斥或閘。

( ) 83. 若 F=AB+B'C+AC，下列哪一種狀態會使 F=1？

① A=0、B=1、C=0 ② A=1、B=1、C=0 ③ A=0、B=1、C=1 ④ A=1、B=0、C=0。

( ) 84. 若 F=(A+B')(A+B'+C)(A+B+C)，下列哪一種狀態會使 F=0？

① A=0、B=1、C=1 ② A=1、B=0、C=1 ③ A=1、B=0、C=0 ④ A=1、B=1、C=0。

( ) 85. 下列何者無法解決高準位觸發 J-K 正反器的競跑(Race)現象？

①改成正緣觸發形式   ②改成負緣觸發形式

③改成低準位觸發形式   ④改成主僕式 J-K 正反器。

答案

80. ③ 81. ② 82. ② 83. ② 84. ① 85. ③

乙級數位電子學術科解析(VHDL / Verilog 雙解)

( ) 86. 有一解碼器之輸入數位信號線有 X 條、Y 條輸出數位信號線,請問 X 與 Y 的關係為何?
① $X \leq 2^Y$ ② $X \geq 2^Y$ ③ $Y \leq 2^X$ ④ $Y \geq 2^X$。

( ) 87. 對於如圖所示之組合邏輯(A)$A>B$ 時,$f_1=1$(其餘為 0)(B)$A=B$ 時,$f_2=1$(其餘為 0)(C)$A<B$ 時,$f_3=1$(其餘為 0);則其邏輯方程式 $f_1=$
① $A'B$ ② $A'B'+AB$ ③ AB' ④ $A+B$。

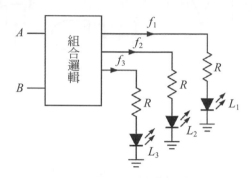

( ) 88. 如下圖所示,小林想應用 CPLD 電路板來控制一顆 LED 的明滅,若供給電壓 V_{cc} 為 3.3V,LED 工作電壓為 1.8V,若小林想要限制流經 LED 的電流在 5mA~15mA 之間,則小林應該選用的電阻 R 應該為何者較為適當?
① 100Ω~300Ω ② 100Ω~200Ω ③ 50Ω~150kΩ ④ 50Ω~200Ω。

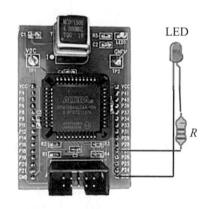

( ) 89. 將十進制 $0.3_{(10)}$ 轉換成二進制數(求到小數點第十位),下列何者正確?
① $0.0100110011_{(2)}$ ② $0.1001100110_{(2)}$ ③ $0.0011001100_{(2)}$ ④ $0.1100110011_{(2)}$。

( ) 90. 下列何種數字編碼具有自補的特性,每一個數碼轉為 1 的補數(1's Complement)後,兩者所對應十進制數會正好形成 9 的補數(9's Complement),因此又稱為補數碼?
① ASCII ② BCD ③ GRAY ④ Excess-3。

答案

86. ③ 87. ③ 88. ① 89. ① 90. ④

( ) 91. 如下圖所示 IC74138 的輸出端設定為高電位作動(active high)，並將 $F_aF_bF_cF_dF_eF_fF_g$ 經由限流電阻連接到共陰極七段顯示器的 abcdefg 上，若輸入端 CBA=111，則七段顯示器應顯示下列何字？ ①F ②7 ③L ④0 。

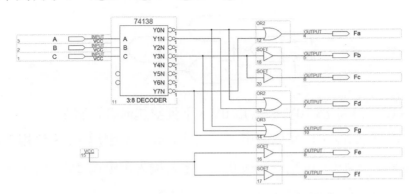

( ) 92. 如下圖所示 IC74292 為可程式化之除頻器，若輸入端 GCLK 輸入 4.096MHZ 之時脈，則輸出端 OUT 脈波之頻率為何？

①8Hz ②4Hz ③2Hz ④1Hz。

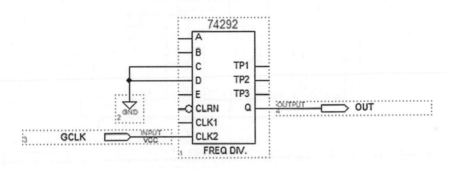

( ) 93. 如下圖所示 F 與 A,B 之邏輯關係為何？

①XOR ②OR ③NOR ④AND。

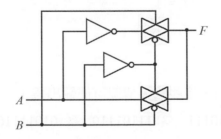

複選題

( ) 94. 十進位數 57 等效於下列哪些進制值？

①$111011_{(2)}$ ②$3B_{(16)}$ ③$01010111_{(BCD)}$ ④$71_{(8)}$。

答案

91. ① 92. ① 93. ① 94. ③④

( ) 95. 下圖電路之輸入、輸出組合中，下列敘述何者正確？

①$(A,B,F) = (0,0,1)$ ②$(A,B,F) = (0,1,0)$

③$(A,B,F) = (1,0,1)$ ④$(A,B,F) = (1,1,0)$。

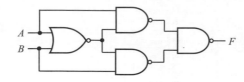

( ) 96. 若 CMOS IC 之 V_{DD} 為 10V，V_{SS} 為 0V，下列敘述何者正確？

①若輸入電壓為 6V，可視為邏輯 1 ②若輸入電壓為 8V，可視為邏輯 1

③若輸入電壓為 4V，可視為邏輯 0 ④若輸入電壓為 2V，可視為邏輯 0。

( ) 97. 下圖計數電路，何者敘述正確？

①屬於非同步計數電路 ②為除 5 電路

③Q_1 的工作週期約 33.3% ④Q_3 的工作週期約 33.3%。

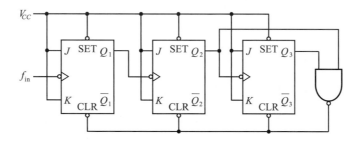

( ) 98. 右圖所示係以 4×1 多工器來完成布林函數式

$Y(A,B,C) = (0,2,3,4,6,7)$，則各輸入接腳之接法何

者正確？

①$I_0 = C$ ②$I_1 = 1$

③$I_2 = 1$ ④$I_3 = 1$。

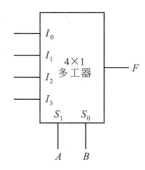

( ) 99. 對一個 8-input XOR 閘，哪些輸入情況可使輸出為 1？

① 10111011 ② 00110111 ③ 11101110 ④ 01011110。

答案

95. ②④　96. ②④　97. ①④　98. ②④　99. ②④

( ) 100. 一顆優先編碼器具有低電位輸入驅動(/0～/9)與低電位編碼輸出(/D～/A)，欲使輸出/D～/A = 1001 時，則輸入/0～/9 =
① 0001100111 　　② 1100011000
③ 0101010101 　　④ 1100000111。

( ) 101. 如右圖所示，具有下列哪些特性？
① C1 充放電壓振幅為 4V～8V
② OUT 電壓輸出之頻率為 500Hz
③第 5 腳 CON 電壓為 8V
④ OUT 電壓輸出之工作週期約 60%。

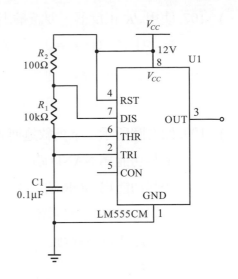

( ) 102. 一顆八位元左移暫存器，如八位元輸出初始值為 00000000，左移輸入 Din 為來自於最左邊位元的反相輸出，當經過 50 個以上 CK 後，則
①八位元輸出保持為 11111111
②每個位元輸出工作週期均為 50%
③每個位元輸出頻率均為 CK 頻率除以 8
④每個位元輸出頻率均為 CK 頻率除以 16。

( ) 103. CK 信號經由下列哪些電路後，可適用於正緣觸發？
①合理 RC 值之積分電路
②合理 RC 值之微分電路

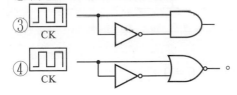

( ) 104. 使用 JK 正反器，要讓輸出端 $Q_n \rightarrow Q_{n+1}$ 維持 1→1 的狀態，則輸入端的 J 與 K 須設定為　① $J=0$，$K=0$　② $J=0$，$K=1$　③ $J=1$，$K=0$　④ $J=1$，$K=1$。

( ) 105. 使用 JK 正反器，要讓輸出端 $Q_n \rightarrow Q_{n+1}$ 維持 0→0 的狀態，則輸入端的 J 與 K 須設定為　① $J=0$，$K=0$　② $J=0$，$K=1$　③ $J=1$，$K=0$　④ $J=1$，$K=1$。

( ) 106. 使用 SR 正反器，要讓輸出端 $Q_n \rightarrow Q_{n+1}$ 維持 0→0 的狀態，則輸入端的 S 與 R 須設定為　① $S=0$，$R=0$　② $S=0$，$R=1$　③ $S=1$，$R=0$　④ $S=1$，$R=1$。

答案

100.　①④　101.　①③　102.　②④　103.　②③　104.　①③　105.　①②　106.　①②

( ) 107. 使用 JK 正反器，要讓輸出端 $Q_n \rightarrow Q_{n+1}$ 維持 0→1 的狀態，則輸入端的 J 與 K 須設定為 ① $J=0$，$K=0$ ② $J=0$，$K=1$ ③ $J=1$，$K=0$ ④ $J=1$，$K=1$。

( ) 108. 使用 JK 正反器，要讓輸出端 $Q_n \rightarrow Q_{n+1}$ 維持 1→0 的狀態，則輸入端的 J 與 K 須設定為 ① $J=0$，$K=0$ ② $J=0$，$K=1$ ③ $J=1$，$K=0$ ④ $J=1$，$K=1$。

( ) 109. 如右圖所示，下列敘述何者正確？
①其功能為 NAND 閘
②其功能為 NOR 閘
③屬於 CMOS 邏輯族
④屬於 TTL 邏輯族。

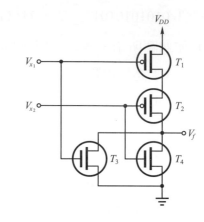

( ) 110. 如右圖所示，下列敘述何者正確？
①其功能為 NAND 閘
②其功能為 NOR 閘
③屬於 CMOS 邏輯族
④屬於 TTL 邏輯族。

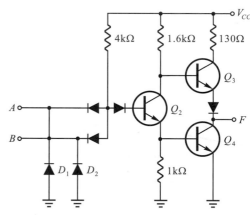

( ) 111. 根據布林代數定理，下列敘述何者正確？
① $X+1=1$ ② $X \cdot 1 = 1$ ③ $X \cdot 0 = 0$ ④ $X + 0 = 0$。

( ) 112. 如下圖所示計數器，下列敘述何者正確？
①為環型計數器(Ringcounter) ②為除 5 電路
③為強森計數器(Johnsoncounter) ④為除 8 電路。

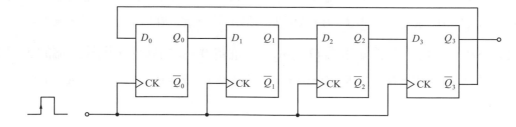

答案

107. ③④ 108. ②④ 109. ②③ 110. ①④ 111. ①③ 112. ③④

( ) 113. 如下之卡諾圖，下列何者為化簡後的輸出函數？

① $A \oplus C$
② $A\overline{C} + \overline{A}C$
③ $(A+C)(\overline{A}+\overline{C})$
④ $(A+\overline{C})(\overline{A}+C)$ 。

C \ AB	00	01	11	10
0	0	0	1	1
1	1	1	0	0

( ) 114. 已知邏輯電路如下圖，下列輸出函數何者正確？

① $Y_1(A,B,C) = \Sigma(0,3,5)$
② $Y_2(A,B,C) = \Sigma(5,7)$
③ $Y_1(A,B,C) = \Sigma(0,2,3,5)$
④ $Y_2(A,B,C) = \Sigma(5,6)$ 。

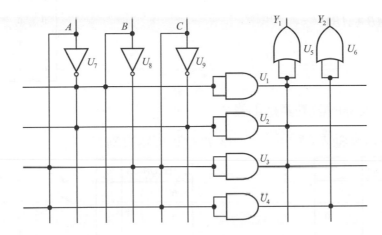

( ) 115. 已知全加器邏輯電路如下圖，下列敘述何者正確？

① $N_2 = A \oplus B$
② $C_o = AB + C_i(A \oplus B)$
③ $S = A \oplus B \oplus C_i$
④ 若 $A = B = C_i = 1$ 則 $S = 0$，$C_o = 1$。

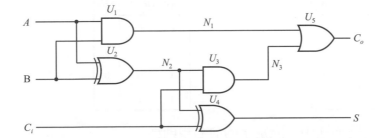

答案

113. ①②③ **114.** ②③ **115.** ①②③

( ) 116. 如右為 1 對 4 解多工器真值表，下列輸出信號之布林函數何者正確？

$$①Y_0 = \overline{S_1 S_2} D$$

$$②Y_1 = \overline{S_1} + S_2 + D$$

$$③Y_2 = S_1 + \overline{S_2} + D$$

$$④Y_3 = S_1 S_2 D 。$$

選擇線 		輸出信號			
S_1	S_2	Y_0	Y_1	Y_2	Y_3
0	0	D	0	0	0
0	1	0	D	0	0
1	0	0	0	D	0
1	1	0	0	0	D

( ) 117. 如右列真值表所示，下列輸出函數何者正確？

$$①Y_0 = \overline{EAB}$$

$$②Y_1 = \overline{E}B$$

$$③Y_2 = \overline{E}(\overline{A}B + A\overline{B})$$

$$④Y_3 = \overline{E}(\overline{AB} + AB) 。$$

Input			Output			
E	A	B	Y_0	Y_1	Y_2	Y_3
1	×	×	0	0	0	0
0	0	0	1	0	0	1
0	0	1	0	1	1	0
0	1	0	0	0	1	0
0	1	1	0	1	0	1

( ) 118. 下列哪些正反器的激勵表是正確？

① SR 正反器激勵表

$Q(t)$	$Q(t+1)$	S	R
0	0	0	×
0	1	1	0
1	0	1	0
1	1	×	0

② D 型正反器激勵表

$Q(t)$	$Q(t+1)$	D
0	0	0
0	1	1
1	0	0
1	1	1

③ JK 正反器激勵表

$Q(t)$	$Q(t+1)$	J	K
0	0	0	×
0	1	1	×
1	0	×	1
1	1	×	0

④ T 型正反器激勵表

$Q(t)$	$Q(t+1)$	T
0	0	0
0	1	1
1	0	0
1	1	1

。

( ) 119. 在 Verilog 電路描述中，識別字的命名規則為

①第一個字元必須是英文字母或數字

②識別字的長度沒有限制

③第二個之後的字元可以是英文字母、數字、底線 (_)或錢字號 ($)

④識別字沒有區分英文大小寫。

答案

116. ①④　117. ②③　118. ②③　119. ②③

( ) 120. 如右列眞值表所示，其輸入和輸出關係爲

① $Y_1 = A \odot B \odot C$

② $Y_1 = A \oplus B \oplus C$

③ $Y_0 = AB + AC + BC$

④ $Y_0 = AC + BC + AB\overline{C}$ 。

輸入			輸出	
A	B	C	Y_0	Y_1
0	0	0	0	0
0	0	1	0	1
0	1	0	0	1
0	1	1	1	0
1	0	0	0	1
1	0	1	1	0
1	1	0	1	0
1	1	1	1	1

( ) 121. 十進位值爲 69 可轉換爲

① BCD 碼 01101001

② 格雷碼(Gray code)01100011

③ 超三碼(Excess-3code)10011100

④ 二進位碼 00100101。

( ) 122. 關於數字表示法之互換，下列何者正確？

① $(526.5)_{10} = (20E.8)_{16}$　　② $(765.1)_8 = (1D5.2)_{16}$

③ $(7A.8)_{16} = (1111010.1)_2$　　④ $(1010101.1)_2 = (84.5)_{10}$ 。

( ) 123. 如下圖電路之輸入、輸出組合中，下列敘述何者正確？

① $(A,B,F)=(0,0,1)$　　② $(A,B,F)=(0,1,0)$

③ $(A,B,F)=(1,0,1)$　　④ $(A,B,F)=(1,1,0)$ 。

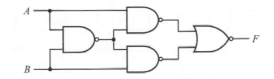

( ) 124. 設計邏輯電路時，下列敘述何者正確？

① 使用 NAND-NAND 製作邏輯電路時，於卡諾圖中是取 1 的方格產生和項之積

② 使用 NOR-NOR 製作邏輯電路時，於卡諾圖中是取 0 的方格產生積項之和

③ 使用 AND-OR 製作邏輯電路時，於卡諾圖中是取 1 的方格產生積項之和

④ 使用 OR-AND 製作邏輯電路時，於卡諾圖中是取 0 的方格產生和項之積。

( ) 125. 如果要設計 Mod 10 之計數電路，使用正反器的數量 x 及最高位元輸出之工作週期 d，下列敘述何者正確？

① 環形計數器：x=10，d=10%

② 強生計數器：x=5，d=50%

③ 漣波上數計數器(0,1,2,...,9)：x=4，d=20%

④ 漣波下數計數器(0,15,...,7)：x=4，d=20%。

答案

120. ②③④   121. ①③   122. ①③   123. ②④   124. ③④   125. ①②③

( ) 126. 中央處理器(CPU)是由下列哪兩大部門所組成？
①ALU ②CU ③ROM ④RAM。

( ) 127. 由 3 個 JK 正反器所組成的強森計數器，可以有下列哪些模數(Mod-N)？
①5 ②6 ③7 ④8。

( ) 128. 如下圖所示，其功能之敘述下列何者正確？
①並列加法器 ②並列減法器 ③串列加法器 ④串並列減法器。

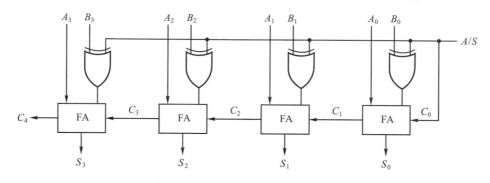

( ) 129. 如下圖所示，其功能之敘述下列何者正確？
①非同步計數器 ②下數計數器 ③上數計數器 ④同步計數器。

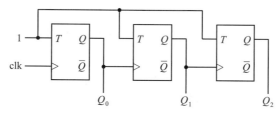

( ) 130. 化簡如右之卡諾圖，其邏輯函數應為何？
① $\overline{A}C + AB + A\overline{C}$ ② $\overline{A}C + CD + A\overline{C}$
③ $(A + C)(\overline{A} + B + \overline{C})$ ④ $(\overline{A} + C)(A + \overline{B} + C)$。

AB\\CD	00	01	11	10
00	0	0	1	1
01	0	0	1	1
11	1	1	1	0
10	1	1	1	0

( ) 131. 有關在 Verilog HDL 中有兩種主要資料型態，下列何者正確？
①線路(Nets)：代表連線，不能儲存內容，代表閘或模組之間的連線，不可以被指定(assign)
②線路(Wire)：代表連線，不能儲存內容，代表閘或模組之間的連線，可以被指定(assign)
③暫存(Reg)：代表存儲空間，就像暫存器一樣，儲存某值，直到下次被指定(assign)為止
④記憶體(Rom)：代表存儲空間，就像暫存器一樣，儲存某值，直到下次被指定(assign)為止。

答案

126. ①②   127. ①②   128. ①②   129. ①②   130. ①③   131. ①③

( ) 132. 一般而言,相同等級的 FPGA 和 CPLD 互相比較,下列敘述何者正確?
　　　　① FPGA 的正反器比較多　　　　　② FPGA 比較適用於計數器的設計
　　　　③ FPGA 較適用於解碼電路　　　　④ CPLD 的邏輯方塊(Block)數量比較少。

( ) 133. 2 對 1 多工器 A(延遲時間為 T),取 3 組 2 對 1 多工器 A 不外加其他元件,組合成多工器 B,下列何者正確?
　　　　① B 為 4 對 1 多工器　　　　　② B 為 6 對 1 多工器
　　　　③ B 的傳播延遲約等於 T　　　　④ B 的傳播延遲約等於 2T。

( ) 134. 組合邏輯電路的邏輯突波(hazard),發生在當輸入變數改變時,輸出狀態產生暫時性錯誤,下列敘述何者正確?
　　　　①輸出值應維持 0 卻產生 010 的狀態變化稱為動態突波
　　　　②輸出信號值由 0 變為 1 時卻產生 0101 的狀態變化稱為靜態突波
　　　　③對同一輸入信號有不同傳遞路徑,且彼此間的傳播延遲有差異所造成的
　　　　④加入適當質隱項可消除突波。

( ) 135. 有關 Verilog HDL 四個抽象的描述層次,下列敘述何者正確?
　　　　① NOT 閘屬於開關層次
　　　　② RTL 為行為層次與資料流層次的混合描述
　　　　③邏輯閘層次屬於結構描述而非行為描述
　　　　④邏輯閘為最低層次模組。

( ) 136. 有關移位暫存器的應用,下列敘述何者正確?
　　　　①左移常用在乘法運算　　　　　②左移常用在除法運算
　　　　③算術左移時 MSB 會做符號擴展　④移位運算也用在浮點數運算。

( ) 137. 下圖所示電路之功能為何?
　　　　①並列加法器　②並列減法器　③串列式加法器　④串列式除法器。

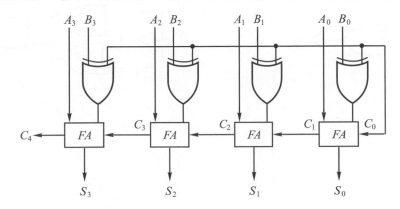

132.　①②　133.　①④　134.　③④　135.　②③　136.　①④　137.　①②

( ) 138. 有關可程式規劃邏輯元件(PLD)，若依 AND-OR 輸入端保險絲陣列是否可規劃或固定式
來加以分類，下列何者屬於 AND 端可規劃的類別？
① PAL ② PROM ③ GAL ④ FPGA。

( ) 139. 如下圖所示，下列敘述何者正確？
① C1 充放電壓振幅為 0V～3V   ② OUT 電壓輸出之頻率為 500Hz
③ 第 5 腳 CON 電壓為 8V   ④ OUT 電壓輸出之工作週期約 50%。

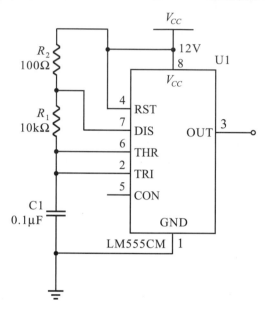

( ) 140. 下列何者為為真？
① $(X+Y)(X+Y')=X+YX$ ② $X+YZ=(X+Y)(X+Z)$
③ $XY'+Y=X+Y$ ④ $(X+Y')Y=X'Y$。

( ) 141. 下列何者為為等同 XNOR 電路？

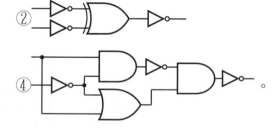

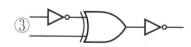

答案

138. ①③④ 139. ③④ 140. ②③ 141. ①②

工作項目 07：電腦與周邊設備

( ) 1. 對於 Bit-sliced Microprocessor(以位元配置微處理機)所組成之 CPU，下列敘述何者為誤？
①此 CPU 的字元長度(Word length)可以調整改變
②其指令集可用微指令來定義
③一般皆以 8 個位元形成模組形式
④可用來模擬某 CPU。

( ) 2. 若以 256K×1 之 DRAM 組成 512K×16 之記憶容量區，則需幾個同型 IC？
① 8 ② 16 ③ 24 ④ 32。

( ) 3. 多人使用的電腦系統(Multi-user Computer system)不可或缺的條件是
①高速記憶體 ②記憶體保護 ③多重微處理機 ④同時多工(Multitasking)。

( ) 4. 在微處理機執行完加法(ADD)指令後，不會影響哪一旗標
① Zero ② Carry ③ Overflow ④ Interrupt。

( ) 5. 微電腦之堆疊器都放在 ① ROM ② RAM ③ CPU ④ CACHE 中。

( ) 6. 下列哪一種不屬於微電腦系統內部匯流排
①地址匯流排 ②資料匯流排 ③ S-100 匯流排 ④控制匯流排。

( ) 7. 程式執行中以哪一類指令最多 ①資料搬移 ②控制轉移 ③移位 ④算術演算。

( ) 8. 指令暫存器(IR)是在哪一單元內
①算術運算單元 ②邏輯單元 ③記憶單元 ④控制單元。

( ) 9. 將監督程式放在 ROM 內稱之為 ①韌體 ②軟體 ③硬體 ④半導體。

( ) 10. 微電腦內的比較指令是以 ①加 ②減 ③及 ④互斥 法運算完成比較動作。

( ) 11. 十六進制度 $AE0_{(16)}$ 之 2 的補數為何？ ① $B1F_{(16)}$ ② $21F_{(16)}$ ③ $520_{(16)}$ ④ $220_{(16)}$。

( ) 12. 對 NOR 閘特性的描述，下列哪一種正確？
①必須全部輸入為 0 時，輸出為 0 ②必須全部輸入為 1 時，輸出則為 0
③只要輸入有 0 時，輸出為 1 ④只要輸入有 1 時，輸出則為 0。

( ) 13. 下列的程式，哪一個不包含在 BIOS 內？
①編譯程式 ②開機自我測試程式
③啟動載入程式 ④輸入／輸出支援程式。

答案

1. ③ 2. ④ 3. ④ 4. ④ 5. ② 6. ③ 7. ① 8. ④ 9. ① 10. ②

11. ③ 12. ④ 13. ①

( ) 14. 欲驅動共陰極的十六進碼對七段數字顯示器之解碼器，當其輸入端 DCBA = 1001$_{(2)}$時，其輸出端 abcdefg 應爲何
① 1110111　② 1111011　③ 0000100　④ 0001000。

( ) 15. 下列何者爲 CPU 中負責解譯、監督程式指令的部門
①累積器　②暫存器　③控制單元　④記憶體。

( ) 16. 暫存器定址模式是指被傳送的資料存放在何處？
①暫存器所指的記憶體位址中　　　　②暫存器中
③外部記憶體中　　　　④暫存器所指的堆疊器中。

( ) 17. 下面的敘述，哪一個不是巨集(MACROs)的優點
① CPU 暫存器以及旗標的值可以確保不致造成混亂
②原始程式可以縮短
③避免重複撰寫相同步驟指令
④程式易於改變與除錯。

( ) 18. 下面的步驟，哪一個不是 CPU 接受中斷要求後的反應？
①將控制權轉移給適當的中斷服務程式
②保存程式計數器的現值
③跳到一個中斷副程式去執行
④結束目前程式執行把控制權交還給系統監督程式。

( ) 19. 開發一個軟體程式是由下列五項步驟所組成，A.程式設計、B.維修、C.編碼(coding)與除錯、D.測試系統、E.問題定義，其步驟的執行順序應爲何？
① ABCDE　② EABCD　③ ECABD　④ EACDB。

( ) 20. 由主程式呼叫副程式時，有時須將參數值轉移給副程式使用，下面哪一個不可做爲參數傳遞的方法？
①將參數存在暫存器中　　　　②將參數存在指令暫存器中
③將參數存在堆疊器中　　　　④將參數存在特定的記憶體中。

( ) 21. 下面哪一個是機械語言程式的優點？
①易懂而簡潔　②易於偵錯　③容易維修　④執行快而有效率。

( ) 22. 利用二進位 0 與 1 來表示十進位數 0 到 9 的一種碼，例如 25 爲 00100101，這種碼稱爲什麼碼　① EBCDIC 碼　② ASII 碼　③ BCD 嗎　④ OP 碼。

( ) 23. 某一計算機執行一個指令的速度爲 100 奈秒(nanosecond)，相當於多少秒
① 1×10^{-9}秒　② 1×10^{-7}秒　③ 1×10^{-6}秒　④ 1×10^{-5}秒。

答案

14. ②　15. ③　16. ②　17. ①　18. ④　19. ④　20. ②　21. ④　22. ③　23. ②

( ) 24. 下面哪一種裝置不屬於輔助記憶體？

　　①SRAM　②SSD(Solid-state disk)　③HDD(Hard Disk Drive)　④隨身碟。

( ) 25. 某一EPROM記憶體IC，其位址接腳為5Bits，而每一位址的容量為1Byte，則此IC的記憶總容量為　①32Bits　②128Bits　③256Bits　④512Bits。

( ) 26. 微處理器所能執行的語言為

　　①BASIC　②C語言　③機器語言　④組合語言。

( ) 27. 2764為一8K×8的記憶體IC，其位址線共有

　　①12條　②13條　③14條　④15條。

( ) 28. 欲規劃56K×16bits的記憶區時，需使用幾顆8K×8的2764

　　①7　②8　③14　④16。

( ) 29. 下列敘述何者為錯誤？

　　①CPU由ALU、ACC與控制單元等組成

　　②堆疊是採用先進先出方式

　　③資料匯流排為雙向性

　　④旗標暫存器是指示ALU運算的情況。

( ) 30. 對於DRAM特性的描述，何者是不正確的？

　　①單一晶片容量較大　　　　　　②需要有復新(Refresh)動作

　　③包裝上較少的外部接腳　　　　④有較佳的存取速度。

( ) 31. 下列哪一項不是使用單晶片(Single Chip)微電腦元件的優點？

　　①硬體製作較簡單　　　　　　　②料件採購及管理較單純

　　③系統有較大的擴充性　　　　　④軟體程式可以有較高的防讀保護。

( ) 32. 微電腦系統以RS-232C串列方式傳輸資料到周邊裝置，其串列傳輸格式為一位元啟始位元，8位元資料，一位元同位元，2位元結束位元，若以2400鮑率(Baud-rate)連續傳送100個位元組(Byte)之資料，所需的時間約為

　　①0.5秒　②2.4秒　③100秒　④2400秒。

( ) 33. 在中斷式I/O中，當I/O裝置需要作I/O服務處理時，會以何種信號來通知CPU，以進行I/O傳輸服務？

　　①讀寫線(R/W)　　　　　　　　②中斷要求線(IRQ)

　　③中斷認知線(IACK)　　　　　　④晶片選擇線(CS)。

答案

24. ①　25. ③　26. ③　27. ②　28. ③　29. ②　30. ④　31. ③　32. ①　33. ②

( ) 34. 十六位元的位址線匯流排，最大可支援到多少個記憶體位址？
① 16 個　② 1024 個　③ 4096 個　④ 65536 個。

( ) 35. 有一個典型的記憶體 IC 其容量為 1Meg×8 位元(bits)，則其位址線(address bus)有幾條？
① 10 條　② 16 條　③ 20 條　④ 24 條。

( ) 36. DMA(Direct Memory Access)處理速度快，適合大量資料傳送，主要原因為
①不必使用位址線　　　　　　　②不必經由 CPU 傳送
③使用較多的控制線　　　　　　④使用較多的資料線。

( ) 37. 某電腦顯示器的解析度為 1240×1024 點，且為 256 色，則該電腦須大約使用多少記憶
體來控制顯示器
① 1.3Mbits　② 1.3MBytes　③ 320Mbits　④ 320MBytes。

( ) 38. CMOS IC 比 TTL IC 具有較低的功率消耗，但其最大缺點是響應時間較長，此段時間通
稱為　①上升時間　②下降時間　③傳遞延遲　④作業時間。

( ) 39. 微處理器所運作的內部工作頻率產生，下列敘述何者正確？
①等於外頻　②外頻乘於倍數　③內頻乘於倍數　④外頻除於倍數。

( ) 40. RISC 擁有一簡化的控制單元，請問典型的單一指令執行需多少機械週期(machine cycle)
① 1　② 2　③ 3　④ 4。

( ) 41. 下列何種類型的 PROM 可以不需要從腳座上移開，即可進行清除或更新其內部儲存資
料？　① UV-EPROM　② EPROM　③ OTPROM　④ E²PROM。

( ) 42. 下列何者為熱插拔(hot-pluggable)裝置介面
① PCI　② COM　③ USB　④ LPT。

( ) 43. 系統中的韌體(firmware)一般不適合儲存於下列哪種記憶體中？
① EEPROM　② EPROM　③ PROM　④ RAM。

( ) 44. 終端機(Terminal)與系統主機連線時，其傳輸率需
①大於　②等於　③小於　④不必考慮　後者。

( ) 45. 下列印表機何者印字速度最高？
①菊輪式　②噴墨式　③雷射式靜電複印　④感光型。

( ) 46. 若顯示字型為 7×9 陣列，並且螢幕每列(Row)可顯示 80 字，則每條掃描線有：
① 560　② 640　③ 720　④ 800　個點(dot)。

答案

34. ④　35. ③　36. ②　37. ②　38. ③　39. ②　40. ①　41. ④　42. ③　43. ④
44. ②　45. ③　46. ①

( ) 47. 密閉式磁碟機在運轉時，磁頭是靠
①油壓 ②機械原理 ③彈簧 ④空氣 動力達到上浮的目的。

( ) 48. 磁碟機之記錄密度與何者無關？
①磁片密度 ②磁頭材質 ③記錄方式 ④迴轉速度。

( ) 49. 鍵彈跳(Keybounce)一般值為
① 0.1～2ms ② 1～20ms ③ 10～200ms ④ 200ms 以上。

( ) 50. 下列何者不是輸入裝置？ ①滑鼠 ②光筆 ③語音合成器 ④數位板。

( ) 51. 1200BaudRate 的 RS-232C 串列傳送，每秒約傳多少位元組(Byte)
① 12 ② 120 ③ 1200 ④無限。

( ) 52. 下列何種為撞擊式印字機？ ①熱感式 ②靜電式 ③噴墨式 ④點矩陣式。

( ) 53. 影像掃描器的解析度單位為 ① TPI ② DPI ③ BPS ④ LPI。

( ) 54. 下列何種顯示器，耗電量最少？ ① LED ② LCD ③ PLASMA ④ CRT。

( ) 55. 下列何種顯示卡之彩色解析度最好？ ① CGA ② MGA ③ EGA ④ VGA。

( ) 56. 一彩色顯示卡上有 128K 之顯示記憶體，若其解析度為 600×400 點，則每一點之色彩至多有 ① 2 ② 4 ③ 16 ④ 256 色。

( ) 57. 輸入不規則圖形最好採用 ①掃描器 ②滑鼠 ③光筆 ④觸摸螢幕裝置。

( ) 58. 微電腦之自動演奏與電子樂器間的 DATA 可互相交換的共通介面電路，稱之為何？
① SCSI ② MIDI ③ ASIC ④ RISC。

( ) 59. 每一台 PC 都透過網路卡接在一起，在網路的末端接有一個電阻以避免訊號干擾，且電腦在每次傳送資料時要作衝撞檢查(collisiondetection)才不會造成傳輸衝突，這種網路稱為什麼網路？ ① RingNetwork ② StarNetwork ③ BUSNetwork ④ TreeNetwork。

( ) 60. 下面哪一項不是兩台遠距離電腦之間互相通訊的必要條件？
①兩台電腦都要裝有 modem ②在相同的傳輸速率下
③使用相同的通訊協定 ④使用相同廠牌的電腦。

( ) 61. 微電腦控制 A/D 轉換裝置將類比信號轉換為數位信號時，下列哪一步驟不屬於轉換過程？
①類比信號送到 A/D 裝置 ②電腦送出起始轉換信號到 A/D 裝置
③ A/D 送回終止轉換信號給電腦 ④電腦送出轉換過的數位信號到 A/D 裝置。

答案

47. ④ 48. ④ 49. ② 50. ③ 51. ② 52. ④ 53. ② 54. ② 55. ④ 56. ③
57. ① 58. ② 59. ③ 60. ④ 61. ④

( ) 62. 下列有關 8255 可程式 I/O 介面 IC 的描述，何者不正確？
①有兩個獨立的 8bitsI/O 埠
② CPU 可讀取 8255 各埠的資料
③ CPU 可將資料送到 8255 各 I/O 埠
④ CPU 利用 read 和 write 來控制對 8255 的讀或寫。

( ) 63. 數據機在兩部設備中傳送資料時，兩個方向可同時交換資料的為下列哪種模式？
①單工(Simplex)　　　　　　　　②全雙工(fullduplex)
③半雙工(halfduplex)　　　　　　④半單工(halfsimplex)。

( ) 64. 在多芯電纜中，由於導線間電容耦合而造成互相干擾的現象稱為什麼干擾？
①電磁干擾　②雜訊干擾　③串音干擾　④輻射干擾。

( ) 65. 採用 7 個 bit 的交換碼，且以(1000001)$_2$ 即 41H 表示"A"的交換碼是哪一種碼？
① IA5(International Alpheabet5)
② CCCII(Chinese Character Codefor Information Interchange)
③ EBCDIC(Extended Binary Coded Decimal Interchange Code)
④ ASCII(American Standard Codefor Information Interchange)。

( ) 66. 下面哪一種傳輸(transmission)線對電腦的電磁有較高的抗干擾性？
①同軸電纜　②雙絞線　③光纖電纜　④多芯同軸電纜。

( ) 67. 下列何者在資料傳輸時，資料發送方和接收方相互地將己方已完成的情況告訴對方，
以確保資料傳輸的正確性？
①交握(handshake)　②確認(confirm)　③查詢(inquire)　④輪詢(polling)。

( ) 68. 國際標準組織(ISO)的資料通訊協定有七層，其中最高層次是擔任對使用者直接服務的
任務，其為哪一層？
①實體層　②傳輸層　③會議層　④應用層。

( ) 69. 磁碟機的讀寫頭已到達所需讀寫資料位置，而控制邏輯卻尚未準備好進行傳送，因此
磁碟必需繼續旋轉，這種情形稱之為何？
①資料漏失(dataloss)　②資料遲到(datalate)　③傳輸延遲　④磁碟故障。

( ) 70. 從字元產生器的 ROM 或 EPROM 晶片中讀取 ASCII 碼的字形圖樣，再送到由許多電磁
鐵控制的針狀印字頭上的是哪一型印表機？
①噴墨式　②點矩陣　③熱感式　④雷射。

答案

62. ①　63. ②　64. ③　65. ④　66. ③　67. ①　68. ④　69. ②　70. ②

( ) 71. 下列何者屬於非同步傳輸的特性？
①採用並列方式傳輸字元
②傳輸的字元夾在起始字元和終止字元之間
③在傳輸中資料不可間斷
④利用交握信號來確定傳輸資料的正確性。

( ) 72. 一般列表機採用的介面為
① RS-232C 或 IEEE-488 介面　　② USB 或 Centronics 介面
③ RS-232C 或 GPIB 介面　　④ GPIB 或 Centronics 介面。

( ) 73. 具有偵錯和校正能力的編碼系統為
①漢明(Hamming)碼　② BCD 碼　③ ASCII 碼　④ EBCDIC 碼。

( ) 74. 有關 ISDN 之敘述何者不正確？
①採用數位傳輸與數位交換技術
②共同傳輸設備與交換系統
③通信頻道容量小，減少傳輸時間
④容許各種不同類型的終端設備相互通訊。

( ) 75. 可重複多次讀寫動作的光碟片為
① CD-ROM 光碟　② CD-R 光碟　③ WORM 光碟　④ CD-RW 光碟。

( ) 76. 下列何者是使用公眾電話網路(PSTN)上網際網路(Internet)的必要裝備？
①滑鼠(Mouse)　②光碟機　③數據機(Modem)　④傳真卡(FaxCard)。

( ) 77. 下列何項不是造成網際網路(Internet)檔案傳輸速度緩慢的原因？
①低速數據機　②線路品質不佳　③伺服機負載過重　④交換機負載過重。

( ) 78. 以軟體掃描式在發光二極體(LED)上顯示數值或資料時，至少需要在多少時間內更新一次，方不會讓查看者感到有閃爍現象？
① 1/2 秒　② 1/4 秒　③ 1/8 秒　④ 1/16 秒。

( ) 79. 下列對 PCI 匯流排的敘述，何者錯誤？
①個人電腦及工作站的輸出輸入匯流排
②時鐘頻率為 33MHz
③最大傳輸速度為 133MHz
④匯流排寬為 16 位元。

答案

71. ②　72. ②　73. ①　74. ③　75. ④　76. ③　77. ④　78. ④　79. ④

( ) 80. 下列何者不是 IEEE-1394 介面的優點？
　　　①資料傳輸速度只有 400Mbit/s　　　　②支援 HotPlug(熱插拔)
　　　③具隨插即用功能　　　　　　　　　　④最多可連接達 63 台周邊機器。

( ) 81. 如下圖符號為　①印表機　②紅外線　③區域網路　④通用序列。

( ) 82. 下列何者非 USB 介面的特性？
　　　①即插即用　②只能接 64 個周邊　③熱插拔　④安裝容易。

( ) 83. 個人電腦的硬碟如採 LBA(logical block address)規格，其儲存資料之單一邏輯硬碟最大
　　　容量為　① 2.1GB　② 16GB　③ 64GB　④ 128GB。

( ) 84. 依製作及技術而言下列何者非觸控式顯示螢幕的類型？
　　　①電阻式　②電容式　③電感式　④紅外線式。

( ) 85. 有關同步與非同步傳輸，下列何者正確？
　　　①在非同步傳輸中，只要資料位元，不必加控制位元
　　　②同步傳輸比較慢
　　　③傳送和接收的傳送率(Baudrate)不須一樣
　　　④非同步傳輸資料通常傳輸量較小。

複選題

( ) 86. 有關 CPU 的敘述，下列何者正確？
　　　① ALU 用來做算術及邏輯運算
　　　②暫存器用來幫助 CPU 做運算或暫存資料之用
　　　③指令暫存器用來暫存讀入 CPU 內的指令碼
　　　④某 N 位元的 CPU，此 N 位元是指位址匯流排之數目。

( ) 87. 有關中央處理單元(CPU)的敘述，下列何者正確？
　　　① CPU 目前執行的指令儲存於程式計數器(Programcounter)中
　　　② CPU 內部的位址匯流排有 34 條，表示主記憶體的最大可定址空間有 16GB
　　　③若 CPU 的速度為 200MIPS，代表 CPU 平均執行一個指令所需的時間為 5ns
　　　④單核心微處理器可用於多工環境的作業系統下，指揮各單元進行平行處理。

答案

80. ①　81. ④　82. ②　83. ④　84. ③　85. ④　86. ①②③　87. ②③

( ) 88. 下列哪些項目與微處理機的處理速度有關？
① Address bus 的位元數　　　②管線式的指令作業
③時脈的頻率　　　　　　　　④ Data bus 的位元數。

( ) 89. 十六進制資料依序運算 B9H AND 3FH XOR AEH，下列哪些不同進制資料值為其等效結果？　① 10100111₂　② 227₈　③ 151₁₀　④ 97H。

( ) 90. 關於簡單型可程式規劃邏輯元件(SPLD)的敘述，下列何者正確？
①最常被使用到的 SPLD 型態是用 T 型正反器和 PAL 組合在一起
② Macrocell 包含一個積之和(SOP)的組合邏輯函數和一個可自由選擇的正反器
③ SPLD 在積體電路元件內除了有 AND-OR 陣列外，還包括了正反器
④ SPLD 的每個部分被稱做 Macrocell，一個 Macrocell 就是一個電路。

( ) 91. 一個典型的 SPLD IC，它的包裝裡包含 8-10 個 Macrocell，Macrocell 的規劃是可以選擇的，其規劃特色包含下列何者？
①暫存器的清除與設定的選擇　　②選擇時脈邊緣觸發的極性
③所有的正反器都有獨立的時脈輸入　④使用或不使用正反器的能力。

( ) 92. 電腦系統中，下列何者屬於非加權碼？
① BIG-5　② ASCII　③ BCD　④二進制碼。

( ) 93. 有關保護智慧財產權的各項法律中，下列何者其取得保護的方法須經過申請登記或審查核准方能產生效力？
①積體電路電路布局保護法　　②著作權法
③專利法　　　　　　　　　　④商標法。

( ) 94. 有關微電腦系統的起動，下列敘述何者正確？
①啟動程式(Booting)可透過硬體按鈕或軟體指令啟動一組程序，用來初始化電腦系統或裝置
② Boot loader 是指一組程式當電腦系統完成自我診斷後，協助載入作業系統或一組程式
③ Boot loader 會先被存在 SRAM 中，再被載入主記憶體執行
④可透過 JTAG 界面直接燒錄 Boot loader。

答案

88. ②③④　89. ②③④　90. ②③④　91. ①②④　92. ①②　93. ①③④　94. ①②④

( ) 95. 有關微處理器之外部中斷信號被偵測到時，下列敘述何者正確？
①程式計數暫存器會被堆疊保存
②跳至中斷向量所指示的位址
③執行中斷向量為起始位址的中斷副程式
④不再接受任何中斷。

( ) 96. 當 89S51/52CPU 的 RESET 腳接高準位超過 2 個機械週期時，會產生重置動作，下列敘述何者正確？
①內部 RAM 都清除為 0 　　　　　②埠 1(Port1)為 11111111B
③暫存器 SP 的內容為 00000111B　　④暫存器 DPTR 的內容為 FFF0H。

( ) 97. 有關微電腦設備，其 CPU 之資料匯流排(Data Bus)與位址匯流排(Address Bus)各有 32 條，下列敘述何者正確？
①這是一部 32 位元的電腦
②這部電腦的 CPU 最大定址能力為 32GB
③這部電腦一次可以處理 4 位元組的資料
④電腦最大主記憶體容量為 32GB。

( ) 98. 有關微處理器，下列敘述何者正確？
①指令週期包括擷取、解碼、執行及儲存等四個步驟
②電腦工作頻率(Clock Frequency)的倒數即為時脈週期(Clock Cycle)
③單核心微處理器不能用於多工環境的作業系統
④具有超過 2 個以上 CPU 的電腦，可稱之為「多核心 CPU」電腦。

( ) 99. 下列哪幾項作業系統較適用於嵌入式系統？
① Android 　② iOS 　③ uCLinux 　④ Unix。

( ) 100.下列哪幾項是屬於開源(Open Source)嵌入式軟硬體協同開發系統？
① Arduino 　② Raspberry Pi 　③ AndeShape 　④ Zedboard。

( ) 101.有關直接記憶體存取(DMA)，下列敘述何者正確？
①可以與 CPU 同步作業 　　　　　②協助記憶體資料存取的機制
③是唯讀記憶體(ROM)的一種 　　　④屬於快取記憶體(cache memory)。

( ) 102.有關嵌入式系統，下列敘述何者正確？
①一定會有中央處理器 　　　　　②一定會有記憶體
③一定要有螢幕顯示器 　　　　　④一定要有 JTAG 介面。

答案

95. ①②③　96. ②③　97. ①③　98. ①②④　99. ①②③　100. ①②　101. ①②　102. ①②

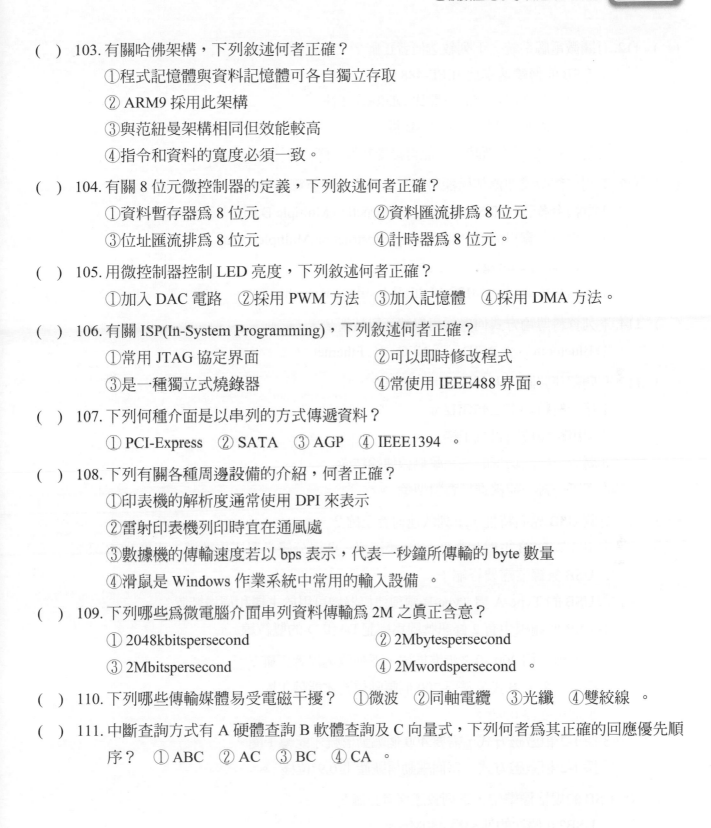

( ) 103. 有關哈佛架構,下列敘述何者正確?

①程式記憶體與資料記憶體可各自獨立存取

② ARM9 採用此架構

③與范紐曼架構相同但效能較高

④指令和資料的寬度必須一致。

( ) 104. 有關 8 位元微控制器的定義,下列敘述何者正確?

①資料暫存器為 8 位元　　　　　　②資料匯流排為 8 位元

③位址匯流排為 8 位元　　　　　　④計時器為 8 位元。

( ) 105. 用微控制器控制 LED 亮度,下列敘述何者正確?

①加入 DAC 電路　②採用 PWM 方法　③加入記憶體　④採用 DMA 方法。

( ) 106. 有關 ISP(In-System Programming),下列敘述何者正確?

①常用 JTAG 協定界面　　　　　　②可以即時修改程式

③是一種獨立式燒錄器　　　　　　④常使用 IEEE488 界面。

( ) 107. 下列何種介面是以串列的方式傳遞資料?

① PCI-Express　② SATA　③ AGP　④ IEEE1394 。

( ) 108. 下列有關各種周邊設備的介紹,何者正確?

①印表機的解析度通常使用 DPI 來表示

②雷射印表機列印時宜在通風處

③數據機的傳輸速度若以 bps 表示,代表一秒鐘所傳輸的 byte 數量

④滑鼠是 Windows 作業系統中常用的輸入設備 。

( ) 109. 下列哪些為微電腦介面串列資料傳輸為 2M 之真正含意?

① 2048kbitspersecond　　　　　　② 2Mbytespersecond

③ 2Mbitspersecond　　　　　　　④ 2Mwordspersecond 。

( ) 110. 下列哪些傳輸媒體易受電磁干擾?　①微波　②同軸電纜　③光纖　④雙絞線 。

( ) 111. 中斷查詢方式有 A 硬體查詢 B 軟體查詢及 C 向量式,下列何者為其正確的回應優先順序?　①ABC　②AC　③BC　④CA 。

答案

103. ①②　　104. ①②　　105. ①②　106. ①②　107. ①②④　108. ①②④　109. ①③
110. ①②④　111. ①②③

( ) 112. 有關微電腦系統,下列敘述何者正確?

①USB 的傳輸速率比 IEEE-488 快

②暫存器的資料存取的時間比 DDRRAM 快

③RS-232C 的傳輸速率比 USB 慢

④當 CPU 執行中斷時,不能再接受其他中斷 。

( ) 113. 下列何種微處理器架構採用平行處理的方式運算?

①單指令多資料流 SIMD(Single Instruction,Multiple Data)

②多指令多資料流 MIMD(Multiple Instruction,Multiple Data)

③多管線(pipelining)

④多指令單資料流 MIPS(Multiple Instruction,perstream) 。

( ) 114. 下列資料傳輸方式何者採用無線通訊技術?

① Bluetooth ② RFID ③ NFC ④ Ethernet 。

( ) 115. 有關藍芽裝置,下列敘述何者正確?

①適合射頻頻率 2.45GHz

②使用跳頻技術對抗干擾

③屬於一種高功率的長距離無線傳輸技術

④僅可一對一連線進行資料傳輸 。

( ) 116. 有關 USB 界面特性,下列敘述何者正確?

①由一個 USB 主機和數個 USB 集線器,透過分層星型拓撲結構,連接 USB 裝置

② USB 集線器需要終端子

③ USB 的 Type-A 與 Type-B 兩種連接器均可用於主機和周邊裝置

④ USB 傳輸線中有 2 條訊號線爲標記 D+和 D-的雙絞線 。

( ) 117. 對於 6 線 2 相 200 步之步進馬達,下列敘述何者正確?

①採 1 相激磁方式,需要 200 個驅動信號才能轉 1 圈

②步進角度爲 0.9°

③採 1-2 相激磁方式,需要 400 個驅動信號才能轉 1 圈

④採 1-2 相激磁方式,每個驅動信號產生 0.9°位移 。

( ) 118. USB 的規格標準中,下列敘述何者正確?

① USB2.0 傳送的速率爲 480Mbps

② USB3.0 傳送的速率爲 1Gbps

③ USB3.1 傳送的速率爲 10Gbps

④ USB1.1 傳送的速率爲 12Mbps 。

答案

112. ①②③ 113. ①②③ 114. ①②③ 115. ①② 116. ①④ 117. ①③④ 118. ①③④

乙級數位電子學科題庫與詳解

( ) 119. 有關解析度的敘述，下列何者正確？

　①使用 200dpi 解析度的掃描器掃描 4×6 吋的黑白照片，在不壓縮的狀況下，大約要花費 120MB 的記憶空間來儲存

　②掃描一張 3×5 吋的照片後，儲存時顯示為 900×1500 畫素，則此掃描器的解析度最有可能設定為 300dpi

　③ Full HD 的顯示器其解析度可高達 1920×1080

　④解析度 1024×768 全彩的顯示器畫面，需大約耗費 2.25MB 的記憶體 。

( ) 120. 下列介面兼具串列傳輸與熱插拔特性的有哪幾種？

　① USB 2.0　② IEEE-1394b　③ SCSI　④ SATA 。

( ) 121. 面臨缺水的環境中，須懂得如何珍惜水資源，可以使用無線環境感測器，感知土壤內的溫、濕度，並定期將資訊透過聯網閘道器回報給雲端進行運算，以便讓農地灌溉系統進行即時控管，其所使用的無線環境感測器之通訊技術以下列哪幾項較合適？

　① Bluetooth　② NFC　③ WiFi　④ ZigBee 。

( ) 122. 下列哪幾項通訊技術是屬於個人區域網路(Personal Area Network)技術？

　① NFC　② Bluetooth　③ IrDA　④ WiFi 。

( ) 123. 下列哪些裝置是屬於周邊設備的輸入裝置？

　①鍵盤與數位板　②觸控螢幕與掃描器　③觸控筆與雷射筆　④麥克風與耳機 。

( ) 124. 關於 RS-232C 通訊電路的敘述，下列何者正確？

　①傳送距離可達 50 英呎　　　　②採用串列傳輸

　③傳送電路採用+5V 電源　　　　④傳送訊號無方向性 。

( ) 125. 關於 RS-232C 與 GPIB 通訊電路的敘述，下列何者正確？

　① RS-232C 以串列方式輸出　　② GPIB 以並列方式輸出

　③ RS-232C 的傳輸距離比 GPIB 短　④ RS-232C 的資料線比較多 。

( ) 126. 下列哪些因素是造成 RS-232 與電腦周邊連接，無法連線的原因？

　①參數(Parameter)的設定不一致　②訊號準位不同

　③資料傳送速度不一致　　　　　④使用不同廠牌的 RS-232 。

( ) 127. 關於數位訊號處理器(DSP)的敘述，下列何者正確？

　①可進行平行處理　　　　　　　②強調高速計算

　③著重在大量資料的存取　　　　④可用於單指令多數據流(SIMD) 。

答案

119. ②③④　120. ①②④　121. ③④　122. ①②③　123. ①②　124. ①②　125. ①②
126. ①②③　127. ①②④

乙級數位電子學術科解析(VHDL / Verilog 雙解)

( ) 128. 關於位址匯流排(Address Bus)，下列敘述何者正確？
①可以決定最高的處理速度　　　②可以決定最大的定址能力
③不能決定單位時間的指令執行數量　④可以決定最大功率損耗　。

( ) 129. 下列哪些為固態硬碟(SSD)的特性？
①內部具有超高速微馬達　　　②一種半導體的儲存裝置
③與 DRAM 同特性　　　　　④等同於超大容量的隨身碟　。

答案

128. ②③ 129. ②④

工作項目 08：程式語言

( ) 1. 虛擬指令(Pseudo Instruction)之功用為
　　　①作編譯指示　②供註解之用　③產生機器碼　④可加快編譯速度。

( ) 2. 巨集(Macro)指令可
　　　①加快執行速度　　　　　　　　②加速編譯速度
　　　③方便程式撰寫　　　　　　　　④節省記憶體空間。

( ) 3. 下列有關 CPU 內的旗標暫存器敘述不正確者為：
　　　①溢位旗標為 1 時，表示運算結果超出範圍
　　　②陷阱(Trap)旗標為 1 時表示進入單步執行
　　　③中斷旗標為 0 時表示不接受罩幕式中斷
　　　④零值旗標為 1 時表示邏輯運算結果為 1。

( ) 4. 在程式語言中，下列何者非「副程式」與「巨集」的共同優點？
　　　①可避免程式重複
　　　②程式易讀、易除錯
　　　③程式撰寫易
　　　④可節省程式及記憶體的空間。

( ) 5. 連結(link)程式執行後，如果無誤，將產生可重置(Relocateable)的
　　　①目的檔　②執行檔　③列表檔　④函數檔。

( ) 6. 一個位元組(Byte)可以儲存一個 ASCII 字碼或幾個 BCD 碼
　　　①1　②2　③3　④4。

( ) 7. 執行下列 C 語言程式，其輸出結果為何？　①2　②7　③1　④6。

```
1  #include <stdio.h>
2  #include <stdlib.h>
3  int main( void)
4  { int a=6,b=013;
5    printf("%d\n",b=b/a);
6    system("pause");
7    return 0 ;
8  }
9
```

( ) 8. C 語言中，下列何者是有效的識別字？(identifier)
　　　①_name　②1_name　③#name　④ my name。

答案

1. ①　2. ③　3. ④　4. ④　5. ②　6. ②　7. ③　8. ①

(　) 9. 下列何者可作為 C 語言合法的整數？　① 101011B　② 5AH　③ 0X55　④ 058。

(　) 10. 已知二維陣列 a[2][4]={1,2,3,4,5,6,7,8,}，則 a[1][2]之值為何？　① 5　② 6　③ 7　④ 8。

(　) 11. 執行下列 C 語言程式，其中 do...while 迴圈會執行幾次？　① 3　② 4　③ 5　④ 6。

```
1  #include <stdio.h>
2  #include <stdlib.h>
3  int main(void)
4  { int i=1,sum=0;
5    do
6    { sum+=i;
7      i+=2;
8    } while (i<10);
9    printf("%d\n",sum);
10   printf("%d\n",i);
11   system("pause");
12   return 0 ;
13 }
```

(　) 12. 不論判斷條件是否成立，至少會執行一次的迴圈？

① while 迴圈　② do...while 迴圈　③ for 迴圈　④巢狀 while 迴圈。

(　) 13. 執行運算式 a=5*3>4*3 後，a 之值為何？　① 0　② 1　③ 15　④ 12。

(　) 14. 底下 C 語言程式中，for 迴圈的執行次數，何者正確？

①是無窮迴圈　②執行 5 次　③執行 4 次　④執行 3 次。

```
1  #include <stdio.h>
2  #include <stdlib.h>
3  main( )
4  {
5    int x,y ;
6    int i=0;
7    for (x = y = 0; (y != 5) && (x < 4); x++)
8      i++ ;
9    printf("%d\n",i);
10   return 0 ;
11 }
```

(　) 15. 執行下列 C 語言程式，其輸出結果為何？　① a　② b　③ bc　④ bcd。

```
1  #include <stdio.h>
2  #include <stdlib.h>
3  int main(void)
4  {
5    int n=2;
6    switch (n)
7    { case 1: printf("a");
8      case 2: printf("b");
9      case 3: printf("c"); break;
10     default: printf("d"); break;
11   }
12   system("pause");
13   return 0 ;
14 }
```

答案

9.　③　10.　③　11.　③　12.　②　13.　②　14.　③　15.　③

( ) 16. 執行下列 for 巢狀迴圈的程式，其中 printf("\n")共執行幾次？

① 12 次　② 9 次　③ 4 次　④ 3 次。

```
1  #include <stdio.h>
2  #include <stdlib.h>
3  int main(void)
4  {
5     int i,j;
6     for (i=1; i<=3; i++)
7     { for (j=1; j<4 ; j++)
8          printf("*");
9          printf("\n");
10    }
11    system("pause");
12    return 0;
13 }
```

( ) 17. 執行下列 C 語言程式，其輸出結果為何？

① x=16,y=7　② x=17,y=7　③ x=12,y=7　④ x=11,y=7。

```
1  #include <stdio.h>
2  #include <stdlib.h>
3  int main(void)
4  { int x=5,y=6;
5    x+=x+y++;
6    printf("x=%d,y=%d\n",x,y);
7    system("pause");
8    return 0 ;
9  }
```

( ) 18. 執行下列 C 語言程式，其輸出結果為何？

① b=0　② b=3　③ b=4　④ b=5。

```
1  #include<stdio.h>
2  #include <stdlib.h>
3  int f(int x)
4    { if(x--<5) return x;
5      else return (x++);
6    }
7
8  int main(void)
9  {
10   int a=5,b=0;
11   b=f(a);
12   printf("b=%d\n",b);
13   system("pause");
14   return 0;
15 }
```

( ) 19. x 為大於 1 的奇數，下列判斷式何者為真？

① x%2==1　② x%2==0　③ x/2==1　④ x/2==0。

( ) 20. 當變數 w,x,y,z 分別宣告為 char w;int x;float y;double z;則表示式 w*x/y-z 的執行結果，其資料型態為

① char　② int　③ float　④ double。

答案

16. ④　17. ①　18. ③　19. ①　20. ④

( ) 21. 執行下列 C 語言程式，其輸出結果為
①a=10, b=20　②a=20, b=10　③a=10, b=10　④a=20, b=20。

```c
1  #include<stdio.h>
2  #include <stdlib.h>
3  void swap(int x, int y) {
4   int tmp;
5   tmp = x;
6   x = y;
7   y = tmp;
8  }
9
10 int main(void) {
11  int a = 10, b = 20;
12  swap(a, b);
13  printf("a=%d, b=%d\n", a, b);
14  system("pause");
15  return 0;
16 }
```

( ) 22. 執行下列 C 語言程式，其輸出結果為　①10　②11　③12　④13。

```c
1  #include<stdio.h>
2  #include <stdlib.h>
3  #define MAX(a, b) a>b?a:b
4  int main()
5  {
6   int m = 10, n = 10;
7   printf("%d\n", MAX(++n, m));
8   system("pause");
9   return 0;
10 }
11
```

( ) 23. 一次只能讀取、翻譯，並執行一列程式敘述的程式為何？
①鏈結器(Linker)　②編譯器(Compiler)　③直譯器(Interpreter)　④組譯器(Assembler)。

( ) 24. 執行下列 C 語言程式，其輸出結果為　①ab　②abc　③abcd　④abcdef。

```c
1  #include <stdio.h>
2  #include <stdlib.h>
3  int main( void)
4  { char s[]="abcdef";
5    s[3]='\0';
6    printf("%s\n",s);
7    system("pause");
8    return 0 ;
9  }
```

( ) 25. 一個字元佔用記憶體一個位元組(byte)，字串"my_name"佔用記憶體幾個位元組？
①7　②8　③9　④10。

( ) 26. 程式設計中採"Call by value"的參數傳遞方式，下列何者正確？
①將參數的資料型態，傳送給被呼叫的函數
②將參數的位址，傳送給被呼叫的函數
③將參數的值，傳送給被呼叫的函數
④將參數的名稱，傳送給被呼叫的函數。

答案

21. ①　22. ③　23. ③　24. ②　25. ②　26. ③

( ) 27. 在 C 語言中,執行 printf("%d", 10>5)的輸出結果為? ① 1 ② 10 ③ 5 ④ 0。

( ) 28. 下列迴圈 k 的初值為 10,終值 2,增值為-2,下列何者正確?

① for(k=10;k<=2;K-=2) ② for(k=10;k<=2;K-2)

③ for(k=10;k<=2;K=--K) ④ for(k=10;k<=2;K=-2)。

( ) 29. 執行下列 C 語言程式,其輸出結果為

① i=2,sum=3 ② i=3,sum=6 ③ i=10,sum=45 ④ i=11,sum=55。

```c
1  #include <stdio.h>
2  #include <stdlib.h>
3  int main(void)
4  {
5      int i,sum=0;
6      for(i=1;i<=10;i++)
7       { sum+=i;
8         if(i%3==0)
9            break;
10      }
11      printf("i=%d,sum=%d\n",i,sum);
12      system("pause");
13      return 0;
14  }
```

( ) 30. 表示條件:10<x<100 或 x<0 的 C 語言表達式,下列何者正確?

① x>10&&x<100||x<0 ② 10<x<100||x<0

③ 10<x,x<100||x<0 ④ x>10||x<100||x<0。

( ) 31. 執行下列 C 語言程式,其輸出結果為

① x=c,y=183 ② x=12,y=183 ③ x=c,y=b7 ④ x=c,y=267。

```c
1  #include <stdio.h>
2  #include <stdlib.h>
3  int main(void)
4  {
5      unsigned char a = 054;
6      unsigned char b = 0xa2;
7      unsigned char c = 55;
8      unsigned char x,y ;
9      x = a & (~b);
10     y = c | b;
11     printf("x=%x,y=%u\n", x,y);
12     return 0;
13  }
```

( ) 32. 為達到模組化程式的設計目標,使用下列何種變數較佳?

①全域變數 ②區域變數 ③外部變數 ④字串變數。

( ) 33. 要得到介於 1~6 的亂數值,並置於已宣告過的整數變數 x 內。下列何者正確?

① x=rand()%6; ② x=rand()%6+1; ③ x=rand()%7; ④ x=rand()%7+1;。

( ) 34. 變數 x,z 為 unsigned char x=0b01100010;於 C 語言中,執行 z=x<

答案

27. ① 28. ① 29. ② 30. ① 31. ① 32. ② 33. ② 34. ②

( ) 35. 執行下列 C 語言程式，其輸出爲何？

　　① 12340　② 11140　③ 11110　④ 11111。

```
1  #include <stdio.h>
2  #include <stdlib.h>
3  void reset(int *arr, int size) {
4      int i;
5      for (i=0; i<size; i+=1)
6          arr[i]= 1;
7  }
8  void print(int *arr, int size) {
9      int i;
10     for (i=0; i<size; i+=1)
11         printf("%d", arr[i]);
12 }
13 int main(void) {
14     int arr[5] = {1, 2, 3, 4, 0};
15     reset(arr, 3);
16     print(arr, 5);
17     return 0;
18 }
```

( ) 36. 執行下列 C 語言程式，其輸出爲何？

　　① a=123,b=3,c=30　② a=123,b=3,c=1　③ a=123,b=30,c=3　④ a=123,b=123,c=30。

```
1  #include <stdio.h>
2  #include <stdlib.h>
3  int main(void) {
4      int a,b,c;
5      a=123.456;
6      b=(int)123.456%4;
7      c=123>>2;
8      printf("a=%d,b=%d,c=%d\n",a,b,c);
9      return 0;
10 }
```

( ) 37. 變數宣告爲 int a=3,b=4,c=5;則表示式『!(a+b)+c-1 && b+c/2』的值爲

　　① 0　② 1　③ 2　④ 6。

( ) 38. GCC 全名是　① GNU Compiler Collection　② GNU C Compiler　③ Green C Compiler　④ Good C Compiler。

( ) 39. gcc 是何種程式語言的編譯器？　① C　② C++　③ GO　④ Java。

( ) 40. C 語言程式執行時，主程式於呼叫函數時，暫存返回資料的記憶體稱爲

　　① stack　② heap　③ code　④ data。

( ) 41. 標準 C 語言程式中，使用 malloc()取得的記憶體空間會在哪一個記憶體區段？

　　① heap segment　② data segment　③ code segment　④ stack segment。

( ) 42. gcc 編譯器的執行程序依序爲

　　① preprocessing, compiling, assembling, linking

　　② compiling, preprocessing, assembling, linking

　　③ compiling, assembling, preprocessing, linking

　　④ preprocessing, compiling, linking, assembling。

答案

35.　②　36.　①　37.　②　38.　①　39.　①　40.　①　41.　①　42.　①

( ) 43. 將 C 語言程式中的 Port 以 P1 取代，是在哪一個編譯過程？

① Preprocessing　② Compiling　③ Assembling　④ Linking。

```
#include <reg51.h>
#define Port P1
void delay(int d){
    for(int i=d; i>0; i--);
}
int main(){
    Port = 0x55;
    while(1){
        Port = ~Port;
        delay(1000);
    }
}
```

( ) 44. 在 C 語言程式的編譯過程中，哪一過程是將組合語言轉換爲 CPU 可讀取並解析的目標碼(object code)？　① Assembler　② Compiler　③ Linker　④ Preprocessor。

( ) 45. 下列何者爲標準 C 語言中，宣告整數變數並給予初值 5 之指令？

① int num = 5;　② val num = 5;　③ num = 5;　④ num = 5 int;。

( ) 46. 下列何者爲標準 C 語言中，宣告浮點數變數並給予初值 2.8 之指令？

① float num = 2.8;　② val num = 2.8;　③ num = 2.8 double;　④ num = 2.8 float;。

( ) 47. 下列何者爲標準 C 語言中，輸出格式化字串的函數？

① printf()　② print()　③ write()　④ output()。

( ) 48. 下列何者爲標準 C 語言中，輸出格式化的字串函數中，指定轉換整數之符號？

①%d　②%s　③%x　④%f。

( ) 49. 下列何者爲標準 C 語言中，可以用來取得資料型態或變數所占用的位元數？

① sizeof()　② size()　③ typeof()　④ len()。

( ) 50. 下列何者爲標準 C 語言中，用來指定變數爲不可改變或唯讀變數？

① const　② readonly　③ constant　④ final。

( ) 51. 下列何者爲標準 C 語言指令 int myNumbers[] = {25, 50, 75, 100};的作用？

①宣告整數陣列並給予初值設定　　②宣告實數陣列並給予初值設定

③宣告集合變數並給予初值　　④宣告串列變數並給予初值。

( ) 52. 有關標準 C 語言中陣列索引(index)，下列敘述何者正確？

①索引從 0 開始　　②索引從 1 開始

③索引起始由使用者設定　　④索引開始於宣告時設定。

答案

43.　①　44.　①　45.　①　46.　①　47.　①　48.　①　49.　①　50.　①　51.　①　52.　①

( ) 53. 下列何者為標準 C 語言中停止迴圈執行的指令？

① break　② stop　③ return　④ continue。

( ) 54. 標準 C 語言指令 int * ptr = &myAge;中，變數 ptr 為何種資料型態？

①整數指標　②整數陣列　③單精確浮點數　④雙精確浮點數。

( ) 55. 下列何者為標準 C 語言中宣告結構的關鍵字？

① struct　② structure　③ structs　④ str。

( ) 56. 標準 C 語言程式中，使用 malloc()動態取得記憶體空間後，必須釋放記憶體空間，否則會造成何種問題？

① memory leak　② memory out of bound　③ syntax error　④ linker error。

( ) 57. 下列標準 C 語言指令後加入下列哪一個指令，可將存放於 x[]字串陣列中的資料複製到 y 所指到的記憶體空間？　① sprintf(y, x);　② y = x;　③ y = x[];　④ strcmp(x, y)。

```
char x[] = "Hello, world!";
char *y = malloc(14);
```

( ) 58. 執行下列標準 C 語言程式，輸出為何？

① True　② False　③編譯時會出現錯誤　④執行時會崩潰(crash)。

```
1    #include <stdio.h>
2    int main(void)
3    {
4        int b = 20;
5        int* y = &b;
6        char n = 'V';
7        char* z = &n;
8        y[0] = z[0];
9        printf((*y == *z) ? "True" : "False");
10   }
```

( ) 59. 執行下列標準 C 語言程式，輸出為何？

① MNOP　② MMMM　③ MLKJ　④ NNNN。

```
1    #include <stdio.h>
2    int main(void)
3    {
4        char x = 'M';
5        char* y;
6        y = &x;
7        for (int i = 0; i < 4; i++) {
8            printf("%c", x);
9            y[0] += 1;
10       }
11   }
```

答案

53.　①　54.　①　55.　①　56.　①　57.　①　58.　①　59.　①

( ) 60. 執行下列標準 C 語言程式，輸出為何？ ① 20 20 ② 20 10 ③ 10 10 ④ 10 20。

```
1   #include <stdio.h>
2   int main(void)
3   {
4       int a = 20, b = 10;
5       int *x = &a, *y = &b;
6       int c = y[0], d = x[0];
7       x[0] = c;
8       y[0] = d;
9       printf("%d %d", *x, *y);
10  }
```

( ) 61. 執行下列標準 C 語言程式，輸出為何？ ① 1000 ② 100 ③ 532 ④ 235。

```
1   #include <stdio.h>
2   int main(void)
3   {
4       int a = 100;
5       char* b = (char*)&a;
6       b[0] += 132;
7       b[1] += 3;
8       printf("%d\n", a);
9   }
```

( ) 62. 執行下列標準 C 語言程式，輸出為何？ ① b ② a ③ 10 ④ 11。

```
1   #include <stdio.h>
2   struct A {
3       int a1;
4       struct B {
5           int a1;
6       } A1;
7   } B1;
8   int main(void)
9   {
10      B1.a1 = 10;
11      B1.A1.a1 = 11;
12      int* x = &B1.a1;
13      int* y = &B1.A1.a1;
14      x = y;
15      char** z = (char**)&x;
16      *z[0] = x[0];
17      printf("%x", **z);
18  }
```

( ) 63. 執行下列標準 C 語言程式，輸出為何？ ① 2 ② 4 ③ 1 ④ 8。

```
1   #include <stdio.h>
2   struct {
3     unsigned short int w : 1;
4     unsigned short int h : 1;
5   } S;
6   int main( ) {
7     printf( "%d\n", sizeof(S));
8   }
```

答案

60. ④ 61. ① 62. ① 63. ①

( ) 64. 執行下列標準 C 語言程式，輸出為何？ ① 178 ② 179 ③ 77 ④ 17。

```
1    #include <stdio.h>
2    int main() {
3        unsigned char a = 201, b = 123;
4        printf("%d\n", a ^ b);
5    }
```

( ) 65. 執行下列標準 C 語言程式，輸出為何？ ① 100 ② 202 ③ 146 ④ 200。

```
1    #include <stdio.h>
2    int main() {
3        unsigned char a = 201, b = 1;
4        printf("%d\n", a >> b);
5    }
```

複選題

( ) 66. C 語言程式中，x=0x26，y=0xe2，下列敘述何者正確？
①執行 z=x&y 後，z=0x22 ②執行 z=x|y 後，z=0x66 ③執行 z=x<>2 後，z=0x38。

( ) 67. 下列何者是 C 語言提供的關鍵字(keyword)？
① break ② while ③ character ④ integer。

( ) 68. C 語言程式中，if(y0?y:-y。

( ) 69. 程式執行中，變數的存取範圍(scope)和生命週期(life time)，下列何者正確？
①區域(local)變數：僅能在該變數的宣告函式內存取
②靜態(static)變數：其生命週期跟程式一樣長，可以在宣告的函式外存取
③全域(global)變數：整個程式中都可以存取
④變數是存放位置在 stack 或 heap 記憶體中。

( ) 70. 在以下 C 語言程式中，已知 a=10，b=5，下列何者會造成無窮迴圈？
① while (a>b) { a=a-b; b=b-a; printf("*"); }
② for (a=0; a<b; a--) printf("*");
③ for (a=0; a<b; ++a) { printf("*"); }
④ while (a==b) { for (a=0;;) printf("*"); }。

( ) 71. C 語言程式中，陣列 A 宣告為 int A[10][20]={0};，程式中有一行敘述*(&A[0][0]+22)=10; 此敘述所執行的運算與下列何者相同？
① A[0][22]=10; ② A[1][2]=1000; ③ A[2][2]=10; ④ A[2][1]=10;。

答案

64. ① 65. ① 66. ①③④ 67. ①② 68. ①④ 69. ①③ 70. ①② 71. ①②

( ) 72. 下列 C 語言程式，何者為正確？

①執行至第 10 列後，其輸出為：a=100,b=10

②執行至第 10 列，其輸出為：a=50,b=10

③執行至第 12 列，其輸出為：a=350,b=360

④執行至第 12 列，其輸出為：a=100,b=360。

```
1  #include <stdio.h>
2  #include <stdlib.h>
3  void func(void);
4  int a=50;
5  int b=100;
6  int main(void)
7  {
8      int a=100;
9      b=10;
10     printf("a=%d,b=%d\n",a,b);
11     func();
12     printf("a=%d,b=%d\n",a,b);
13     return 0;
14  }
15  void func(void)
16  {
17     a=a+300;
18     b=a+b;
19  }
```

( ) 73. 若變數 a,b 皆為整數，且 a 和 b 的值皆為 0，則下列運算結果何者為 true？

① a=b   ② a==b   ③ a!=b   ④ a<=b。

( ) 74. char，short int 分別佔用記憶體為 1 個及 2 個位元組(byte)，變數 a,b,c,d 分別宣告為 char a; unsignedchar b; short int c;unsigned short int d;下列何者正確？

①執行 a=28+100;結果 a=128   ②執行 b=28+100;結果 b=128

③執行 c=30000+2768;結果 c=32768   ④執行 d=30000+2768;結果 d=32768。

( ) 75. 已知 ASCII Code a=97, A=65，若下列程式執行結果為 King 或 KING，程式中 n[4]陣列初值要如何設定？

①{30, 5, -7}   ②{-2, 5, -7}   ③{32, 5, -7}   ④{22, 5, -7}。

```
1   #include <stdio.h>
2   int main(void)
3   {
4       int a = 75;
5       int* b = &a;
6       int n[4] = {0, 0, 0};
7       for (int i = 0; i < 4; i++) {
8           printf("%c", b[0]);
9           b[0] += n[i];
10      }
11  }
```

答案

72. ①④   73. ②④   74. ②④   75. ①②

( ) 76. 有關標準 C 語言中 union 執行下列程式後,請選出正確結果
① a[0] = 0x64 ② sizeof(A1) = 8 ③ A1.a = 10 ④ sizeof(A1) = 12。

```
1   #include <stdio.h>
2   union A {
3     int a;
4     long long int b;
5   } A1;
6   int main(void)
7   {
8      A1.a = 10;
9      A1.b = 100;
10     int * a = (int *)&A1;
11  }
```

( ) 77. 有關標準 C 語言中,結構(struct)定義的記憶記憶體安排,下列程式中 sizeof(A)與 sizeof(B)
分別為多少? ① sizeof(A)=24 ② sizeof(B)=16 ③ sizeof(A)=14 ④ sizeof(B)=14。

```
1   #include <stdio.h>
2   struct a {
3      int x;
4      double z;
5      short int y;
6   } A;
7   struct b {
8      double z;
9      int x;
10     short int y;
11  } B;
12  int main() {
13     printf("sizeod(A): %d, sizeof(B): %d", sizeof(A), sizeof(B));
14  }
```

( ) 78. C 語言程式中,執行時的靜態記憶體(Static Memory)區段有
① code(text) ② data/bss ③ stack ④ heap。

( ) 79. 相較標準 C 編譯器,有關 SDCC(Small Device C Compiler)編譯器的說明,下列何者正
確?
①結構(struct)不可以作為函數傳入參數
②不支援可變長度陣列(variable-length arrays)
③支援雙精確浮點數
④結構(struct)可以作為函數回傳值。

( ) 80. 相較於標準 C 語言,有關 Embedded C 新增定義的功能,下列何者正確?
①定點數學運算(fixed-point arithmetic)
②地址空間命名(named address spaces)
③物件導向(Object-Oriented)
④巢狀結構體(nested-structure)。

答案

76. ①② 77. ①② 78. ①② 79. ①② 80. ①②

( ) 81. C 語言程式中，a=13，b=6，num=0，下列敘述何者正確？

①執行 num=(++a)+(++b)後，num=21、a=14、b=7

②執行 num=(a++)+(b++)後，num=21、a=14、b=7

③執行 a+=a+(b++)後，num=0、a=32、b=7

④執行 a*=b--後，num=0、a=65、b=5。

( ) 82. C 語言程式中的 for，while 及 do…while 三種迴圈，下列敘述何者正確？

① for 迴圈是前端測試判斷條件

② while 迴圈是後端測試判斷條件

③ do…while 迴圈至少執行迴圈主體 1 次

④ do…while 迴圈是在測試判斷條件不成立時執行迴圈主體。

答案

81. ①③ 82. ①③

工作項目 09：網路技術與應用

( ) 1. 下列有關匯流排網路架構之說明何者錯誤？
①採用廣播方式傳遞資料
②同一個時間允許多個節點廣播傳送
③使用同軸電纜
④同軸電纜兩端要加終端電阻，使訊號送到最終兩端時終止。

( ) 2. 下列有關星狀網路(star network)架構之說明何者錯誤？
①一般使用雙絞線連接，需使用集線器或交換式集線器來連接電腦設備
②只有中央控制設備故障，整個網路才會癱瘓
③當集線器的連接埠不足時，不可以使用其他的集線器串接
④任一節點傳送資料，都必須經由集線器或交換式集線器送到目的節點。

( ) 3. 下列有關環狀網路(ring network)架構之說明何者錯誤？
①可使用雙絞線、同軸電纜、光纖進行連接
②使用多站存取單元(MAU 或 MSAU)，類似集線器將所有電腦以環型方式串接起來
③以節點(電腦)取得記號封包來決定傳遞資料的優先順序
④當任一節點故障，整個網路仍可繼續運作。

( ) 4. 開放式系統連結(OSI)參考模型七層網路架構中，哪一層是主要負責傳送路徑的選擇？
①資料鏈結層 ②會議層 ③實體層 ④網路層。

( ) 5. 開放式系統連結(OSI)參考模型七層網路架構中，哪一層是主要負責將資料轉成傳輸訊號？
①實體層 ②應用層 ③資料鏈結層 ④網路層。

( ) 6. 開放式系統連結(OSI)參考模型七層網路架構中，電子郵件(E-mail)的通信協定是屬於哪一層的功能？
①網路層 ②應用層 ③實體層 ④交談層。

( ) 7. 開放式系統連結(OSI)參考模型七層網路架構中，哪一層是與硬體密切相關？
①會議層 ②資料鏈結層 ③網路層 ④實體層。

( ) 8. 開放式系統連結(OSI)參考模型七層網路架構中的網路層，其主要的網路設備為何？
①中繼器(repeater) ②網路卡(NIC) ③路由器(router) ④橋接器(bridge)。

答案

1. ② 2. ③ 3. ④ 4. ④ 5. ① 6. ② 7. ④ 8. ③

( ) 9. 網路卡上的 MAC 位址是屬於開放式系統連結(OSI)參考模型七層網路架構中的哪一層？
①資料鏈結層　②實體層　③網路層　④應用層。

( ) 10. TCP/IP 協定中下列敘述何者正確？
① FTP 用來提供全球資訊網(WWW)服務的通訊協定
② HTTP 用來提供檔案傳輸服務的通訊協定
③ SMTP 用來提供電子郵件傳送服務的通訊協定
④ POP3 用來提供動態分配 IP 服務的通訊協定。

( ) 11. TCP/IP 協定中下列敘述何者正確？
① ARP 是用來將 IP 位址轉成實體位址
② Telnet 用來提供用戶端模擬終端機登入遠端伺服器服務的通訊協定
③ DHCP 與 TCP 協定一樣將資料傳送到接收端，但以非連接導向方式傳送
④ UDP 用來提供動態分配 IP 服務的通訊協定。

( ) 12. Wi-Fi 使用的通訊協定是
① IEEE802.3　② IEEE802.4　③ IEEE802.11x　④ IEEE802.16x。

( ) 13. Wi-Fi 的通訊協定中使用頻率 5.0GHz、傳輸速度 54Mbps、傳輸距離 100M 的通訊協定為下列何者？
① IEEE802.11a　② IEEE802.11b　③ IEEE802.11g　④ IEEE802.11n。

( ) 14. 下列對於藍牙(Bluetooth)通訊技術敘述何者正確？
①協定名稱為 IEEE 802.15.1　②使用頻率為 5.0GHz
③一般傳輸距離高於 100 公尺　④傳輸速度為 100 Mbps。

( ) 15. 下列通訊協定，哪一個不使用 2.4GHz 的波段？
① 802.11　② 802.11a　③ 802.11b　④ 802.15。

( ) 16. 目前台灣各學校及學術研究單位為主所使用的網路為哪一個？
① TANet　② HiNet　③ SeedNet　④ SiNet。

( ) 17. 網路訊號傳輸時，使用下列何種媒介的傳輸速度最快？
①電話線　②光纖電纜　③同軸電纜　④雙絞線電纜。

( ) 18. 使用 TCP/IP 協定中的遠端登入到網路上另一部主機，可使用哪一個指令？
① net　② ftp　③ telnet　④ route。

( ) 19. 下列哪一個通訊埠編號是正確的？　① ftp:21　② smtp:23　③ telnet:25　④ http:83。

答案

9. ①　10. ③　11. ②　12. ③　13. ①　14. ①　15. ②　16. ①　17. ②　18. ③　19. ①

乙級數位電子學術科解析(VHDL / Verilog 雙解)

( ) 20. 有關 IPv4 與 IPv6 的敘述，下列何者錯誤？
① IPv4 的位址有 32 位元
② IPv6 的位址有 128 位元
③ IPv4 轉化為 IPv6 時，只要在前方加入 96 位元的 0 即可
④ IPv6 的位址表示時，分成八組。

( ) 21. 有關 Web2.0 的描述何者錯誤？
①以使用者為中心來創造、協作，如維基百科
②使用者主導網路資源，成為內容的分享及提供者
③使用者能主動獲取或是系統自動推薦相關的內容以取代無效的廣告
④有別於 Web1.0 的靜態呈現，Web2.0 強調高度網路互動。

( ) 22. 有關應用於電子郵件之協定敘述，下列何者正確？
① SMAP 有提供伺服端郵件管理指令，安全性佳
② POP3 非 Client-Server 架構
③ IMAP、SMTP 及 POP3 皆為郵件協定
④ POP3 不占客戶端空間，適合四處活動的使用者。

( ) 23. 何者是第四代行動通訊標準？ ① LTE ② AMPS ③ HSDPA ④ WCDMA。

( ) 24. 何者與 CSMA/CD 標準無關？
①最小訊框長度 ②資料傳輸率 ③路徑選擇 ④碰撞區間。

( ) 25. 對於 802.11 無線區域網路之標準規格，資料傳輸率最高的為何？
① 802.11a ② 802.11b ③ 802.11g ④ 802.11n。

( ) 26. 網路安全中，有關防火牆(Firewall)的特性，下列何者不正確？
①所有從內部網路(Internal Network)能往外部網路(External Network)的資料流，都必須
經防火牆
②所有從外部網路通往內部網路的資料流，都必需經過防火牆
③使用防火牆可以加強對電腦病毒的防範
④只有符合內部網路安全政策的資料流，才可以通過防火牆 。

( ) 27. 網路設備收到 IP 位址後，一般會先找出其等級再套用標準遮罩。請問當收到位址
「(11000001 10000011 00011011 11111111)₂」時，以分級定址而言屬於哪一等級？
① A 級 ② B 級 ③ C 級 ④ D 級。

答案

20. ③ 21. ③ 22. ③ 23. ① 24. ③ 25. ④ 26. ③ 27. ③

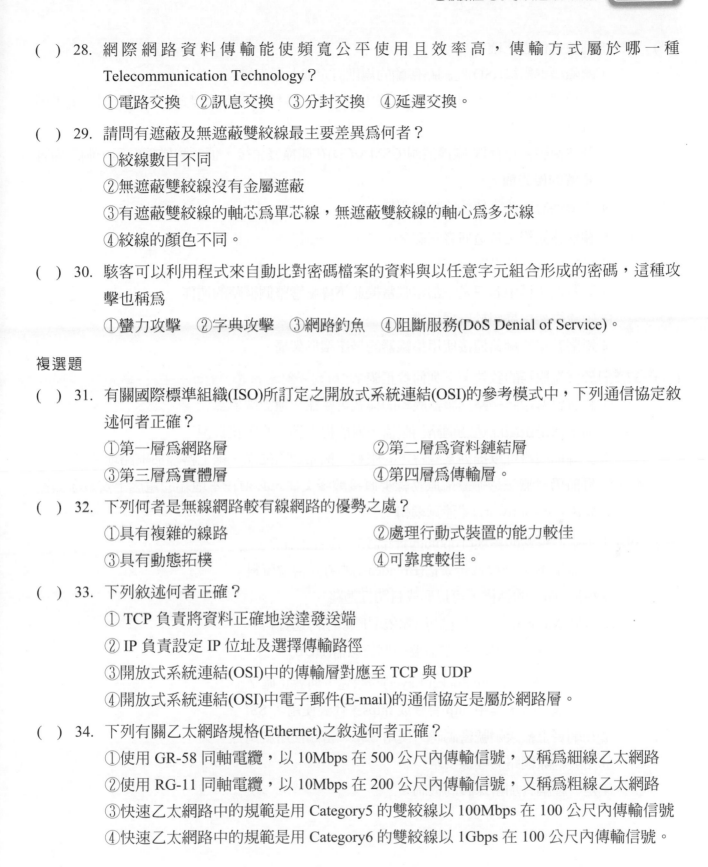

( ) 28. 網際網路資料傳輸能使頻寬公平使用且效率高,傳輸方式屬於哪一種
Telecommunication Technology?
①電路交換　②訊息交換　③分封交換　④延遲交換。

( ) 29. 請問有遮蔽及無遮蔽雙絞線最主要差異爲何者?
①絞線數目不同
②無遮蔽雙絞線沒有金屬遮蔽
③有遮蔽雙絞線的軸芯爲單芯線,無遮蔽雙絞線的軸心爲多芯線
④絞線的顏色不同。

( ) 30. 駭客可以利用程式來自動比對密碼檔案的資料與以任意字元組合形成的密碼,這種攻
擊也稱爲
①蠻力攻擊　②字典攻擊　③網路釣魚　④阻斷服務(DoS Denial of Service)。

複選題

( ) 31. 有關國際標準組織(ISO)所訂定之開放式系統連結(OSI)的參考模式中,下列通信協定敘
述何者正確?
①第一層爲網路層　　　　　　　　②第二層爲資料鏈結層
③第三層爲實體層　　　　　　　　④第四層爲傳輸層。

( ) 32. 下列何者是無線網路較有線網路的優勢之處?
①具有複雜的線路　　　　　　　　②處理行動式裝置的能力較佳
③具有動態拓樸　　　　　　　　　④可靠度較佳。

( ) 33. 下列敘述何者正確?
① TCP 負責將資料正確地送達發送端
② IP 負責設定 IP 位址及選擇傳輸路徑
③開放式系統連結(OSI)中的傳輸層對應至 TCP 與 UDP
④開放式系統連結(OSI)中電子郵件(E-mail)的通信協定是屬於網路層。

( ) 34. 下列有關乙太網路規格(Ethernet)之敘述何者正確?
①使用 GR-58 同軸電纜,以 10Mbps 在 500 公尺內傳輸信號,又稱爲細線乙太網路
②使用 RG-11 同軸電纜,以 10Mbps 在 200 公尺內傳輸信號,又稱爲粗線乙太網路
③快速乙太網路中的規範是用 Category5 的雙絞線以 100Mbps 在 100 公尺內傳輸信號
④快速乙太網路中的規範是用 Category6 的雙絞線以 1Gbps 在 100 公尺內傳輸信號。

答案

28.　③　　29.　②　　30.　②　　31.　②④　　32.　②③　　33.　②③　　34.　③④

( )　35. 下列敘述何者正確？
　　　①國際標準組織(ISO)將網路傳輸的規則訂定成七層架構
　　　②開放式系統連結(OSI)中的應用層主要功能為各種網路應用程式，如瀏覽器、電子郵件軟體、即時通
　　　③載波偵聽多重存取/碰撞偵測(CSMA/CD)在碰撞發生後，偵測到碰撞的第一個設備有重傳的優先權
　　　④由傳輸層來決定傳輸路徑的選擇。

( )　36. 有關網路拓樸之敘述何者正確？
　　　①環形架構屬於點對點拓樸
　　　②點對點拓樸中若只是一部電腦當機並不會影響整個網路的運作
　　　③匯流排架構是屬於廣播拓樸
　　　④電腦教室的網路連接使用集線器的是屬環形架構。

( )　37. 對於雲端服務的敘述，下列何者正確？
　　　①將資料傳送到網路伺服器服務的模式可視為一種雲端運算
　　　②通常都是由廠商透過網路伺服器，僅能提供儲存的服務資源
　　　③雲端伺服器可以提供某些特定的服務，例如網路硬碟、線上轉檔與網路地圖等
　　　④目前仍然無法透過雲端服務線上直接編修文件，必須在本地端的電腦上安裝辦公室軟體(Office Software)才能夠編輯。

( )　38. 下列對於網路的拓墣(Topology)的描述，何者正確？
　　　①匯流排(Bus)結構適合廣播(Broadcast)的方式傳遞資料
　　　②樹狀(Tree)的結構，可以形成封閉性迴路
　　　③網狀(Mesh)結構網路上的節點依環形順序傳遞資料
　　　④星狀(Star)的結構，經常需要一個集線器(HUB)。

( )　39. 下列關於 SSL(Secure Socket Layer)的敘述，何者正確？
　　　①登入網頁時，其中 http 會變成 https，代表使用了 SSL
　　　②在網頁上輸入帳號密碼時，使用 SSL，密碼使用就萬無一失
　　　③用於網際網路的連線安全
　　　④是一種網頁加密保護的機制。

答案

35.　①② 　36.　①③ 　37.　①③ 　38.　①④ 　39.　①③

乙級數位電子學科題庫與詳解

( ) 40. 有關 Socket programming 下列何者正確？

　　① server socket(node)會針對一組 IP 的特定 port 進行監聽

　　② client socket(node)會聯繫到一組 server socket(node)並建立通訊連接

　　③ client socket(node)會針對一組 IP 的特定 port 進行監聽

　　④ server socket(node)會聯繫到一組 client socket(node)並建立通訊連接。

( ) 41. 有關串列傳輸程式，下列何者正確？

　　①設定傳送與接收端相同的鮑率(baud rate)

　　②設定相同的資料格式，如 byte 長度與同位位元數

　　③設定相同的系統頻率

　　④使用相同的程式語言。

( ) 42. 下列敘述何者正確？

　　①第五代(5G)行動通訊技術，主要為提升速度、減少延遲而設計的

　　② 5G 技術的速度最快可達 20Gbps

　　③ Wi-Fi 6 技術也稱為 IEEE 802.11ax

　　④ 5G 採用 WiMAX 技術。

答案

40.　①②　41.　①②　42.　①②③

工作項目 10：微控制器系統

( ) 1. 下列哪一個 IEEE-488 信號是由發言者(Talker)發送？
① NRFD　② NDAC　③ DAV　④ REN。

( ) 2. PIA(Programmable Interface Adapter)主要是用來做
①程式中斷處理　②可程式控制介面　③直接記憶存取處理　④緩衝器。

( ) 3. RS232C 介面的輸出端 logic "0"，其原始定義為
① 2.4～5.0V　② 3～15V　③ 0～0.8V　④ 0～5V。

( ) 4. 下列有關 IEEE-488 匯流排之敘述，何者不正確？
①使用非同步傳送　　　　　　　②可有發言者(talker)
③可有收聽者(Listener)　　　　　④使用同步傳送。

( ) 5. 在介面電路中通常使用下列何種元件與匯流排(BUS)連接？
①多工器　②正反器　③三態緩衝器　④計數器。

( ) 6. 下列敘述何者為正確？
① RS-232C 以並列方式輸出　　　② GPIB 以串列方式輸出
③ GPIB 的傳輸速度比 RS-232C 快　④ RS-232C 之資料線比較多。

( ) 7. 用 RS-232C 作雙向資料通信時，至少需要幾條線？
① 1 條線　② 2 條線　③ 3 條線　④ 4 條線。

( ) 8. 若位址匯流排包含 24 條線(A0～A23)則可定址空間是
① 256Kbyte　② 1Mbyte　③ 16Mbyte　④ 64Mbyte。

( ) 9. 電腦一般為取得外界壓力、溫度等物理量的電氣，必須透過
① D/A　② A/D　③ V/I　④ F/V　轉換成數位形式。

( ) 10. 下列何者不是控制匯流排的功能？
①定義系統中硬體動作型態　　　②提供資料轉移的起始脈衝
③提供資料轉移的終止脈衝　　　④傳送資料。

( ) 11. 為防止遭受同一個不可掩罩中斷(NMI)重覆請求中斷，此種中斷信號應為下列何種形
式？　①邊緣觸發　②位準觸發　③正電位觸發　④負電位觸發。

答案

1. ③　2. ②　3. ②　4. ④　5. ③　6. ③　7. ③　8. ③　9. ②　10. ④
11. ①

( ) 12. 在串列傳送資料時，不考慮控制位元，則下列何者為正確？
　　　① MSB 與 LSB 同步傳送　　　　② LSB 跟在 MSB 後傳送
　　　③最先傳送 LSB　　　　　　　　④最先傳送 MSB。

( ) 13. 在 20mA 電流迴路界面中，下列何者為正確？
　　　① 20mA 表示邏輯 1　　　　　　② 0mA 表示邏輯 1
　　　③ 20mA 表示邏輯 0　　　　　　④ −20mA 表示邏輯 0。

( ) 14. UART(Universal Asychronous Receiver Trausmitter)非同傳輸接收器與 UART 之間傳輸
　　　方式為何？
　　　①並列輸出串列輸入　　　　　　②串列輸出串列輸入
　　　③並列輸出並列輸入　　　　　　④串列輸出並列輸入。

( ) 15. 對記憶體晶片而言，其資料線在何時呈現輸入狀態？
　　　①晶片被選到時　　　　　　　　② WRITE 信號動作(active)時
　　　③ READ 信號動作時　　　　　　④ READ 與 WRITE 同時動作時。

( ) 16. 下列何者不屬於 IEEE-488 的匯流排？
　　　①位址匯流排　②資料匯流排　③資料傳輸控制線　④介面管理線。

( ) 17. 下列何者不是進行中斷查詢、並安排回應優先順序的類型？
　　　①軟體查詢　②硬體查詢　③向量式　④記憶體對映式。

( ) 18. 下列何者傳輸速率最快？　① RS-232C　② Centronics　③ IEEE-488　④ USB。

( ) 19. 以 RS-232C 將電腦與周邊連接，若無法連線時，下列何者不是問題發生的原因？
　　　①信號準位不同　　　　　　　　②參數(parameter)之設定不一致
　　　③資料傳送速率不一致　　　　　④使用不同廠牌 RS-232C 界面。

( ) 20. 個人電腦中的快取(Cache)記憶體是使用
　　　① DRAM　② SRAM　③ ROM　④ EPROM。

( ) 21. 下列記憶體存取時間最快者為　①暫存器　② SRAM　③ DRAM　④磁碟。

( ) 22. 下列敘述何者正確？
　　　①呼叫副程式時不必考慮累加器資料暫存
　　　② CPU 執行中斷時，不能再接受其他中斷
　　　③ CPU 認可中斷請求後將 PC 值存入堆疊
　　　④執行中斷時，不必清除旗標。

答案

12. ③　13. ①　14. ②　15. ②　16. ①　17. ④　18. ④　19. ④　20. ②　21. ①
22. ③

( ) 23. 如下圖所示，為一軟體掃描方式的鍵盤電路，圖中的電阻器作用為
①在無按鍵時輸入為低電位　　　　　②保護輸入元件
③消除鍵盤彈跳效應(Debounce)　　　④消除電源雜訊。

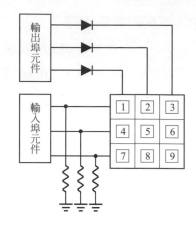

( ) 24. UART 將並列式資料轉成串列型態送出時，除了先送出起始位元(Start bit)
後，接著傳送
①高位元(MSB)　②低位元(LSB)　③同位元(Parity)　④結束位元(Stop)。

( ) 25. 典型微電腦的 PCI 匯流排其資料位元寬度為　①8　②16　③32　④64。

( ) 26. 有關 ARM CPU 架構，下列何者正確？
①為精簡指令集(RISC)處理器　　　　②提供 8, 16, 32 到 64 位元設計
③為 32 位元指令集　　　　　　　　④為 Von Neumann 架構設計。

( ) 27. 有關 AVR 系列微控制器，下列敘述何者正確？
①改良式哈佛(Harvard)架構
② 8 位元複雜指令集(Complex Instruction Set Computer, CISC)的微控制器
③改良式范紐曼型(Von Neumann)架構
④ 32 位元複雜指令集(Complex Instruction Set Computer, CISC)的微控制器。

複選題

( ) 28. 有關微電腦的 I/O 位址控制敘述，下列何者正確？
①直接式 I/O 位址不屬於記憶體位址的一部分
②記憶體映像式 I/O 並不需佔用記憶體位址
③具有 I/O 專用指令則為獨立式 I/O 定址
④記憶體映像式 I/O 位址不需使用記憶體存取指令。

答案

23. ①　24. ②　25. ③　26. ①　27. ①　28. ①③

( ) 29. 有關 RS-232C 非同步傳輸的資料格式，下列敘述何者正確？

①啟始位元(Start bit)為高電位，Space 狀態

②啟始位元可有兩個位元

③結束位元(Stop bit)為高電位，Mark 狀態

④結束位元可有兩個位元。

( ) 30. 下列哪些方式具有無線介面感測或傳輸功能？

① 40kHz 超音波收發電路　　　　②光二極體收發電路

③ Pt 溫度組件　　　　④ Bluetooth 裝置。

( ) 31. 有關 CPU 的內部架構，包含下列哪些項目？

①控制單元(Control unit)　　　　②算術運算與邏輯單元(ALU)

③主記憶體(Main memory)　　　　④暫存器(Register)。

( ) 32. 有關資料傳輸，下列敘述何者正確？

①非同步傳輸接收器(UART)彼此之間的傳輸方式是屬於一種串列輸出串列輸入

②在串列資料傳送時，依序由 LSB 位元至 MSB 位元

③位址匯流排是屬於 IEEE-488 的匯流排

④控制匯流排不是屬於 IEEE-488 的匯流排。

( ) 33. UART 為通用非同步傳收器的英文縮寫，為非同步串列通信埠的總稱，包括

① RS-232　② RS-485　③ GPIB　④ IEEE1284。

( ) 34. 有關 I²C(Inter-Integrated Circuit)，下列敘述何者正確？

①一種串列通訊的匯流排

②只使用兩條雙向開放洩極(Open drain)傳輸線，分別為串列資料(SDA)線及串列時脈(SCL)線

③只使用兩條傳輸線，分別為傳送資料(TD)線及接收資料(RD)線

④用於高速裝置間的資料傳輸。

( ) 35. 有關近場通訊(NFC)界面技術，下列敘述何者正確？

①可採用主動/被動兩種讀取模式　　　②短距離高頻無線通訊

③傳輸距離可達 1 公尺　　　　④短距離低頻無線通訊。

答案

29. ③④　30. ①②④　31. ①②④　32. ①②　33. ①②　34. ①②　35. ①②

( ) 36. 於物聯網系統中,感測器為連接不同的硬體模組,模組間必須要透過傳輸介面才得以
成功交換資料,較適合的傳輸介面有下列哪幾項?
① UART(Universal Asynchronous Receiver/Transmitter)
② SPI(Serial Peripheral Interface)
③ I^2C(Inter-Intergrated Circuit)
④ JTAG(Joint Test Action Group)。

( ) 37. 有關 I^2C 界面,下列敘述何者正確?
①一種串列介面　　　　　　　　②使用汲級開路(Open Drain)
③一種並列介面　　　　　　　　④工作電壓為 5V。

( ) 38. 有關 I^2S 界面 ,下列敘述何者正確?
①一種串列界面
②傳輸線中的字元選擇時脈與聲音取樣頻率相同
③一種並列介面
④僅可傳輸單聲道數位音訊資料。

( ) 39. C 語言程式的標準記憶體表現形式包括哪些動態記憶區域?
① Heap　② Stack　③ Code segment　④ Data segment。

( ) 40. 有關執行緒(thread)的描述,下列何者正確?
①執行緒之間可共享程式區段　　②執行緒之間可共享資料區段
③執行緒之間共用堆疊區段　　　④執行緒之間共用程式計數器。

答案

36.　①②③　37.　①②　38.　①②　39.　①②　40.　①②

學科題庫詳解

工作項目 01：電機電子識圖

1. 記憶體的大小表示法爲總位址 × 資料腳。
   本題資料腳爲 I／O 表示可進出故爲 SRAM，位址腳 A0～A10 共 11 腳爲 2K 個位址。

2. 多對一爲多工器，但本題少了選擇線。

3. 此 IC 爲 4164。有 Refresh 腳故爲 DRAM，位址腳由 A0～A7、RAS 與 CAS 控制腳可存取 64K 個位址。

4. 圖爲非穩態振盪器，Y1 與 Y2 都是輸出端，輸出爲方波。

5. 爲雙向傳輸閘。

7. a 接點即繼電器的常開 N.O.接點，很像電容器 ，b 接點即常閉 N.C.接點，很像可變電容器 ，這些符號用在控制設計圖上，方便構思。

13. 常見流程圖符號表：

處理符號	呼叫副程式	起訖符號
▭	▯ (處理的內部還有處理)	▱
決策符號	輸入／輸出符號	列印文件
◇	▱	▱
連結符號	迴圈符號	流向線符號
○	⬡	↓

14. 此爲 10：1 衰減測式棒內部電路，且電容爲可調，當輸入方波調到波形不失眞即最佳之頻率補償。

17. 同 01-13，②爲輸入/輸出符號。

複選題

19. λ 之意爲光的波長，故選與光有關之選項。Photocell 稱爲光電池。

20. 此題題意不佳。三態閘當 $B = 0$ 時，$C = A$，當 $B = 1$ 時，$C =$ 高阻抗 Z，此元件爲三態型反閘。

21. 此元件兼具緩衝器與反相器，$E = D$；$F = D'$，故③、④ 敘述不對。

22. 此爲典型的 COMS 反閘。T_1爲 PMOS 元件，T_2爲 NMOS 元件。

23. 箭頭即表示光線與方向。

24. R、L、C 為被動元件,其它能放大訊號者為主動元件。

25. 同 01-24。

26. 同 01-13。

27. ①整流二極體順逆向都會用到。②變容二極體工作在逆向偏壓。③稽納二極體工作在逆向偏壓。④發光二極體工作在順向偏壓。

28. ①IC 依形狀擺放必須標示第一腳位。④並排電阻應先考慮散熱再考慮節省空間及連接線。

工作項目 02：零組件

1. MASKROM 出廠資料即燒在晶片中不可抹除，PROM 單次規劃不可抹除，EPROM 多次規劃紫外線抹除，EEPROM 多次規劃電壓抹除。

7. 熱電偶之原理：若將二種不同的金屬線 A 與 B 互相連接成一個迴路，且在兩個接合點間給予溫度差，則在金屬線的兩端會產生熱電動勢 E 故選①。

9. 360 / 7.5 = 48。

10. 8255 為 PIO：PROGRAMMABLE INPUT OUTPUT PORT(可程式 I / O 埠)。

13. 開路集極式輸出電流大小由提升電阻決定。

14. 數位電路輸出非 0 即 1，與開關相同。

16. C = Q / V。分母電壓 V 放 X 軸; 分子電量 Q 放 Y 軸，則斜率為電容值 C。

19. B 表示 PNP 低頻用電晶體材質。

22. 如下圖：敏阻器屬正溫度係數呈非線性關係，如線 A。熱阻器屬負溫度係數呈線性關係，如線 B。線性關係方便做溫度轉換，常用來作測定；非線性關係則做相對溫差的比較，常用來作數位控制。

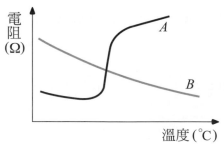

複選題

25. ① 10 隻接腳。

26. 輸入腳有加圓圈表示低態動作。PRE 接 0 時，輸出 $Q = 1$，CLR 接 0 時，輸出 $Q = 0$。

27. ③ 555 為振盪器，④3064 為 CPLD，術科使用之晶片。

28. ④要以小博大才正確。

29. 0 °K = −273 °C，298 °K = 25 °C，300 °K = 27 °C。1 °K 類比 1 μA。

30. 白金感溫電阻 Pt 100 為 0°C 時，其電阻值為 100Ω。電阻溫度係數為 3850ppm / °C 即每 1°C 電阻變化量：$100Ω × 3850 × 10^{-6} = 0.385Ω$。

31. 中央處理器放在電腦中，等級比微控制器更高。

32. 常用電容器誤差代號 F：± 1%，G：± 2%，J：± 5%，K：± 10%，M：± 20%。

33. 本題有爭議：③應改為：距[電荷]無窮遠處之電位為零，較正確。
    ②電位為純量無方向性，④與溫度無關。

工作項目 03：儀表與檢修測試

1. 十二位元之二進制滿額輸入為 111111111111 = 2^{12}-1 = 4095，10 V / 4095 ≒ 2.5 mV。

2. 四位之數位電表意為有 4 個 日 字，故最大顯示 9999 ≒ 10000，若 1V 檔則滿刻度為 .9999，個位的變化可解析到 0.0001V。四位半之數位電表意為有 4 個 日 字，前有個 1。
   故最大顯示 19999 ≒ 20000。若 2V 檔則滿刻度為 1.9999，個位的變化可解析到 0.0001V。
   $2^{14} = 16384$，$2^{15} = 32768$，故 19999 要用 15 位元才能表示。

3. 表頭滿刻度電壓 = 1mA×5Ω = 5mV。表頭串聯倍率電阻可提高測量範圍，故串聯輸入電流不變，50V/1mA = 50kΩ。

4. 一般石英晶體穩定度(Stability)很高，有溫度補償的石英晶體更高。

5. 數位式示波器不用鋸齒波。一般 CRT 示波器之水平掃描信號要加鋸齒波。

6. 峰對峰值為 6.4 cm × 2 V / cm = 12.8 V，V_p = 6.4 V，V_{rms} = 6.4 V × 0.707 = 4.5 V。

7. T = 6 cm × 30 μs / cm = 180 μs，f = 1 / T = 1 / 180 μs = 5.56 kHz。

9. DMM 為數位複用表，即數位三用電表。一般儀表測交流電都以正弦波為主。

10. Q = 虛功 / 實功。串聯諧振時 I 相同，$I^2·X / I^2·R = X / R$。

11. GPIB (General Purpose Interface Bus)。GPIB = IEEE488。界面上只可以有一個 System controller。同時，只有一個 Talker，但可以有多個 Listener。故函數波產生器至少需具備收聽者(Listener)的功能。

12. 0dbm 為在 600Ω 負載上消耗 1mW 的功率，此時負載端電壓為 0.775V。

15. 8 位之數位電表，最大顯示 99999999 ≒ 100000000，個位的變化可解析到 1 / 100000000 = 0.01ppm(ppm 為 10^{-6})。

16. 3 位半之數位電表，最大顯示 1999 ≒ 2000，個位的變化可解析到 1 / 2000 = 0.05%。

18. Fullscale 為滿刻度，誤差若是 50V 的 2%為 1V，1 / 20 = 5%

19. ② A/D 轉換器即類比轉數位電路，如此才方便處理。

21. 題意為在 10 ms 內通過 1500 個時脈。故在 1s 內會通過 150000 個時脈，表示外加信號之頻率為 150kHz。

23. 0dbm 合 1mW，10dbm 合 10mW，$V = \sqrt{PR} = \sqrt{10m \times 50} = 0.707V$。

26. 隨耦器即電壓增益≒1，其功用爲作阻抗匹配。

27. 要透過轉換器，將非電氣的信號轉換爲電氣的信號，才方便處理。

29. 數位電表很難判別各種閘流體。

30. $m = (A-B) / (A + B) \times 100\% = 8 / 12 = 67\%$

31. 測電晶體特性曲線，階梯波當輸入，階梯波的階數就是特性曲線的條數。

32. OPA 是線性 IC。

33. 函數波產生器先產生三角波與方波，三角波再經整形電路整成正弦波。

34. $f = 100$ Hz，$T = 0.01$ s，0.01 s / 4 DIV = 2.5 ms / DIV。$V_P = 2$ V，2 V / 2 DIV = 1 V / DIV。

35. 加入方波由輸出可診斷頻率響應情形，波形越尖表示高頻增益越大，或低頻響應不足。

36. 用 Ω 檔才有電源測電容。測試結果應爲電阻無限大，非無限大即漏電。

37. 絕緣電阻是高電阻，其餘都是低電阻。

40. 波形分析儀又稱爲選擇性頻率表，其爲一帶通濾波器，所測得的指示值爲該頻率之交流有效值電壓。

41. 同 03-35。

42. DCV 檔取其平均值，交流電平均值爲 0。

43. 測量小電阻值用愷爾文電橋，測量中電阻值用惠斯登電橋。

44. $T = 1$ μs / cm × 4 cm = 4 μs，$f = 1 / T = 1 / 4$ μs = 250 kHz。

45. $T_m = \sqrt{T_s^2 + T_d^2}$，$T_m =$ 所測得的上升時間；$T_s =$ 實際訊號上升時間；$T_d =$ 示波器上升時間。

46. BIG-5 是顯示中文字不是數值。

47. $P_{dB} = 10 \log(P_o / P_i)$

48. 三用表內無主動元件作放大才要高靈敏度的表頭，數位式電表內含主動元件不需要。

50. 數位式計數器顯示明確無人爲誤差。

53. SMT(Surface Mount Technology) 表面黏著技術。沒有用磁力或超音波檢驗。

複選題

56. 電壓表爲避免負載效應內阻愈大越好。

57. 三用表內無電池時可測 DCV、ACV、DCmA。

58. 三用表主要有 DCV、ACV、DCmA 與 Ω 四檔。不可測④電容量。

62. ④其值約 2.3V。

64. 主動式探棒爲探棒有加主動元件作放大其負載效應較小，適合高速與低電壓邏輯訊號。

65. ① 12Ω / / 6Ω = 4Ω。

70. 此為李賽氏圖形法。可用一垂直線靠到圖的右側與用一水平線靠到圖的上側，$f_X : f_Y$即其交會的切點比，故②為 1:3，③為 1:2。

工作項目 04：電子工作法

3. ④習慣上都用鈍角拉線較簡潔清爽。銅箔佈局尖銳，焊接加熱時容易浮翹脫落。

11. 電阻小的 R 先並內阻大的電壓表 V，則得到正確的電壓。而量到的電流有誤差但很小。

12. $V_m \times 0.636 = 12\ \text{V}$，$V_m = 12\ \text{V} / 0.636 = 18.8\ \text{V}$，故選②20V。

19. 接點一層，整個元件再一層。

20. 在安裝機電元件時，加裝彈簧墊圈較不易因振動而鬆脫。

21. 信號線怕干擾應使用隔離線來配置。

27. 習慣上都用鈍角拉線較簡潔清爽。銅箔佈局尖銳，焊接加熱時容易浮翹脫落。

31. QFP（Quad Flat Package）塑料方形扁平封裝。

複選題

47. ②使用指針式三用電表測量電壓時，先從電壓檔最高檔位開始測量，以免電表燒毀。

49. 一般電路圖繪圖習慣，輸入信號端子在左方，輸出信號端子在右方，電源正端在上方、負端在下方。

51. ③裸銅線轉折處應銲接，且兩銲點間之空點不得超過 4 個。

52. ④1W 以上電阻器考慮散熱不可平貼板面。

工作項目 05：電子學與電子電路

1. N 型半導體傳導的多數載子為自由電子，但總電量會與雜質正離子相抵故為零。

2. 共集極式則此輸入阻抗 $R_L + r_e$ 放大 $\beta + 1$ 倍。而 R_L 放大 $\beta + 1$ 倍即 101kΩ。

3. 如圖為 P 通道增強型 MOSFET 的轉移曲線，其 V_{GS} 應加低於 V_t 的負電壓才有電流。

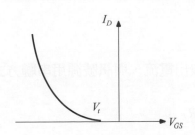

4. 截止頻率處之電壓增益為最大電壓增益之 0.707 倍。該點又稱-3dB 點，半功率點。

5. 三級 RC 相移振盪器，$|\beta| = 1 / 29$ 其電路增益 $|A|$ 必須大於 29。

6. 理想運算放大器的特性：(1)開環增益無限大　(2)共模拒斥比(CMRR)無限大　(3)輸入阻抗無限大　(4)輸出阻抗為零　(5)頻帶寬度無限大。

7. $V_o = (-10 \text{ k} / 5 \text{ k}) \times 1 + (-10 \text{ k} / 10 \text{ k}) \times -2 + (-10 \text{ k} / 20 \text{ k}) \times -3 = -2 + 2 - 3 / 2 = -3 / 2$。

9. 如圖為互導放大器。輸入 V_i，輸出 I_o。故 Z_i 要大；Z_o 要大，才不會有負載效應。

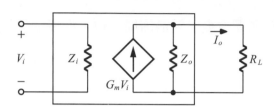

10. 光速：3×10^8 m / s，f：1500k 周 / s，波長：$3 \times 10^8 / 1500\text{k} = 200$ m。

11. CE 式電流增益：I_c / I_b，$(5 - 0.1) / 0.1 = 49$。

12. 巴克豪生振盪準則要視模型而定。此種模型為 $\beta A \geq 1 \angle 0°$。振盪所必要的條件

(1)必須是正回授，(2)回授因數 βA 必須為 ≥ 1，(3)必須有維持振盪的足夠能量。

13. 放大器中加入負回授之主要目的是增加穩定度

放大器加負回授增益會降低$(1+A\beta)$倍但換來的的優點為好的會變大$(1+A\beta)$倍，壞的會降低$(1+A\beta)$倍。

負回授電路有四種：

電壓串聯負回授：即從負載取出**電壓**，與訊號源用**串聯**方式加入放大器

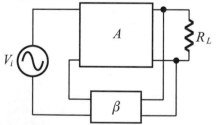

電壓並聯負回授：即從負載取出**電壓**，與訊號源用**並聯**方式加入放大器

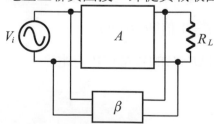

電流串聯負回授：即從負載取出**電流**，與訊號源用**串聯**方式加入放大器

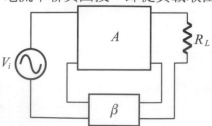

電流並聯負回授：即從負載取出**電流**，與訊號源用**並聯**方式加入放大器

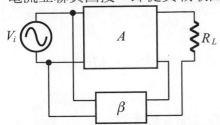

14. 如圖為電壓放大器。輸入 V_i，輸出 V_o。故 Z_i 要大；Z_o 要小，才不會有負載效應。

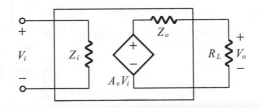

15. R_E 會被放大$(1+\beta)$倍，$Z_{IN} = 51K + 1K = 52K$。

17. $I_{ceo} = (1+\beta)I_{co}$。

19. 在負端加上接地符號，則二直流參考準位為 $+1.5$ 與 $+3$，故為①。

20. $I_c = \beta I_b$ 工作在作用區，$I_c < \beta I_b$ 工作在飽和區。若工作在飽和區 $I_c < \beta I_b$，$V_{cc}/R_c < \beta V_{cc}/R_b$，$R_b < \beta R_c$。

21. 達靈頓通常接成 CC 式故與 CC 式特性一致。

24. 共射極放大器之集極電流增大時，其 V_{CE} 可能減少故選①。

25. $I_c < \beta I_b$ 工作在飽和區。

26. 隨耦器即電壓增益≒1 之意，其功用為作阻抗匹配。主要特點為：輸入阻抗極高、即輸出阻抗極低、電流增益極大。

27. 箝位器波形不變只改變直流準位。如圖：$V_i = 10\sin(\omega t)$ 在負端加上接地符號，則二極體下方的直流參考準位為 $+2V$。二極體往下，即將波型往下壓到 $+2V$ 以下。

28. 達靈頓對(Darlington-Pair)的總電流增益很大故選①。

29. 影響放大器高頻響應的主因：電晶體的極際電容、雜散電容，低頻響應的主因耦合電容、射極傍路電容。

30. B 類交叉失真的原因為④電晶體 B-E 偏壓過低。或說電晶體 B-E 間切入電壓過高造成。

31. 看單位求解答：℃/W，$(120-20)℃/40W = 2.5℃/W$。

32. 不同的頻率成分有不同的放大倍數稱頻率失真。

33. 截止頻率處之電壓增益為最大電壓增益之 0.707 倍。該點又稱-3dB 點，半功率點。

34. $I_{DSS}=I_D \mid V_{GS} =0V$

35. 放大器加負回授增益會降低$(1 + A\beta)$倍但換來的的優點為好的會變大$(1 + A\beta)$倍，壞的會降低$(1 + A\beta)$倍。故頻寬變大 10 倍。

36. 電流串聯負回授：即從負載取出**電流**，與訊號源用**串聯**方式加入放大器。

由右圖可知 R_i、R_o 皆變大

37. 原圖的小訊號等效電路如下圖，即電壓並聯負回授。

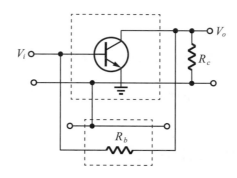

38. 如 05-13，**互導**$= I_o / V_i$，放大器輸入電壓輸出電流故選③電流串聯負回授電路。

39. 相位領前 RC 相移振盪器，當 $f =1/ (2\pi(\sqrt{6})RC)$ 時 $\beta = 1 / 29$ 最大。

41. 石英晶體振盪器之主優點為振盪頻率穩定。

42. 考畢子振盪器採用電容分壓；哈特萊振盪器採用電感分壓。

43. 此為施密特觸發電路，當 V_i 高過上限電壓則 V_o 保證為高態。當 V_i 低於下限電壓則 V_o 保證為低態，其餘保持不變。當 Q_1 不通 Q_2 通，$V_{2k} = 20 \times 2 / 10 = 4V$，$V_i > 4.5V$ 才轉成 Q_1 通 Q_2 不通。當 Q_1 通 Q_2 不通，$V_{2k} = 20 \times 2 / 12 = 3.3V$，$V_i <3.8V$ 才轉成 Q_1 不通 Q_2 通。由上可知上限電壓為 4.5V，下限電壓為 3.8V。

44. 若工作在飽和區 $I_c < \beta I_b$，$V_{cc} / R_c < \beta V_{cc} / R_b$ 選④ $\beta R_c > R_b$。

45. V_o 為低電位的時間 $T_L = 0.7 R_b C$。

46. $h_{11} = V_1 / I_1$（當 $V_2 = 0$）。即 $V_2 = 0$ 時的輸入阻抗。故輸出端短路後，輸入端看入的輸入阻抗 $= 10k // 10k + 10k = 15k$。

47. $S = \triangle I_c / \triangle I_{co} = I_B$ 所流電阻總和 $/ [(基極電阻 / (1 + \beta) + I_E$ 流過之電阻$) = 1 + \beta$，其值越小越好。

48. 即順向特性斜率的倒數，鍺為 $V_T / I_d = 25 mV / I_d$。

49. $V_i = \pm 12$ V × 10k / 30k = ± 4 V。大的為 V_{UT}、小的為 V_{LT}。

50. $V_+ = 2$ V。$V = V_+ \times (1 + 20k / 10k) + (-1) \times (-20k / 10k) = 2 \times 3 + 2 = 8$。

51. 此為韋恩電橋振盪器，當 $f = \dfrac{1}{2} \pi \sqrt{R_3 R_4 C_1 C_2}$ 時 β 最大。

52. OPA 有負回授若輸出未飽和則有虛短路現象。
$V_{R2} = V_Z$，$I_{R2} = V_Z / R_2$，$V_O = V_Z (1 + R_1 / R_2)$。

53. PLL 輸出除頻 N 後再與輸入比 "相位差" 故選①。

54. 本題有誤：OPA 的 +、− 標相反，$I = 6$ V / 300 Ω = 20 mA。

56. 本題有誤：OPA 的 +、− 標相反。為低通濾波器 + 同相放大。$f_H = 1 / (2\pi RC)$。

57. 當 $V_i > 0.7$ V 時二極體視為短路，$R = 0$，斜率 $= 1 / R$ 很大。
$V_i < 0.7$ V 時二極體視為開路，$R = V / I$，斜率 $= 1 / R$ 固定。

58. 電路組裝時二極體要緊靠電晶體，作溫度補償。

59. ④電晶體不通，$I_C = 0$，$V_{R_C} = 0$，$V_C = V_{CC}$。

60. 同 05-29。

61. 可想成輸入大電流但造成輸出小電壓，即對數的特性。

62. 此為電壓隨耦器，隨耦器即電壓增益≒1 之意，其功用為作阻抗匹配。主要特點為：輸入阻抗極高、即輸出阻抗極低。

63. 增益 × 頻寬為定值，0dB 即 $|A_v| = 1$ 時 BW = 500kHz，$|A_v| = 4$ 時 BW = 125kHz。

64. 圖為單增益二階低通濾波器。

65. VSWR = |V(max)| / |V(min)| = (25 + 5) / (25-5) = 3 / 2。

66. 輸出阻抗要改為負載電阻較佳。$P_i = (2mV)^2 / 100k = 4 \times 10^{-11}$，$P_o = (2V)^2 / 1k = 4 \times 10^{-3}$，$A_p = 10^8$，$A_p(dB) = 80(dB)$。

67. 本題題意為用低通濾波器當積分器的條件為何？
如下電路頻譜圖，相似的地方只有高頻部分，故答：f_{in} 要大即 T_s 要小。

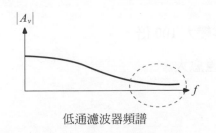

低通濾波器頻譜

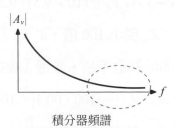

積分器頻譜

68. $\alpha = \beta / (1 + \beta) = 10 / 11 = 0.909$。

69. FET 在低 V_{DS} 時，可視為壓控電阻器，不同的 V_{GS} 有不同的電阻值。

70. 看單位求解答：W / ℃，P / (125-25)℃ = 0.5W / ℃，P = 50W。80 − 50 = 30W。

71. I_C 飽和電流:$I_C = 12 / 470 = 25\text{mA}$。$I_B = 6 / 10\text{k} = 0.6\text{mA}$,$I_C = 0.6\text{mA} \times 30 = 18\text{mA}$,未飽和故工作在作用區。

72. 非反相放大,$A_v = 1 + 500\text{k} / 100\text{k} = 6$,$V_o = 12\text{V}$。

73. $A_v(\text{dB}) = 20\log A_v = 6$,所以 $A_v = 2$。

74. 本題題意不妥,要改:回授量是輸出信號的 10%,或回授量是回授網路輸入信號的 10%。其意為 $\beta = 10\%$,$A_{VT} = A / (1 + A\beta) = 40 / (1 + 40 \times 0.1) = 8$。

75. 在-3dB 點若為高通濾波器則輸出波形的相位比輸入波形領先 45°,若為低通濾波器則輸出波形的相位比輸入波形落後 45°。

76. 若加入一規則的三角波之觸發信號振幅有超過上下臨界電壓,則輸出方波。

77. 電流分配定則:$I = 6\text{A} \times 2 / (4 + 2) = 2\text{A}$。

78. 二電阻相同,壓降相同,功率相同,二者取其小者,故為 4W。

79. 用節點電壓法。$6 - V = (V - 2) / 2 + V / 4$,$V = 4$ 故 $V_{1\Omega} = 6 - 4 = 2\text{V}$。

80. $V_u = 12\text{V} \times 50\text{k}\Omega / 100\text{k}\Omega = 6\text{V}$。

81. 當 V_i 輸入最大 15V 時,$I_i = (15 - 10) / 100 = 50 \text{ mA}$,稽納只能承受 400 mW / 10 V = 40 mA。$R_L = 10 \text{ V} / 10 \text{ mA} = 1000 \ \Omega$。

82. C_1 壓降右正左負 5V,C_2 壓降上正下負 10V,C_3 壓降下正上負 5V,故 V_o 壓降上正下負 5V。

83. $-20\text{dB} / \text{decade}$。Decade 表示十倍,$-20\text{dB}$ 表示電壓增益 0.1。即每十倍頻衰減十倍。

84. 本題有誤:如圖 Q_1 的 V_{be} 接逆偏故永不動作。原意 Q_1 的 $V_{be} / 0.6\Omega = 1\text{A}$ 即限流大小。

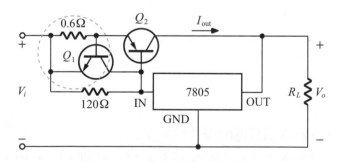

85. V.R. $= (V_N - V_F) / V_F = (10 - 9.5) / 9.5 = 5.26\%$。

86. 米勒定理:Z_{in} 變小 100 倍,$X_c = 1 / (\omega C)$,故電容變大 100 倍。

87. 熱阻愈大即散熱愈不易,故選③接合面與外殼溫差愈大。

88. CMRR $= |A_D / A_C| = |100 / 00.1| = 10000$ 合 80dB。

89. Q_1、Q_2 相異,類似 NPN 的操作。

90. 加上變壓器負載電阻變成 $5^2 \times 8 = 200\Omega$,甲類功率放大器 360 度工作,$V_{rms} = 20 / 2 \times 0.707 = 7.07$,輸出功率 $= 7.07^2 / 200 = 0.25\text{W}$。

複選題

91. ③的敘述有問題： 整流作用要順逆偏一起方能完成。應說稽納二極體在順向偏壓時，與一般二極特性相同。或說只要稽納二極體沒崩潰，即具有整流作用。④二極體內的過渡電容(Transition capacitance)，電容量隨逆向偏壓增加而減少。

92. ③電容會阻隔直流，二級不會相互影響。

93. ④為負回授才正確。

94. 無穩態輸出為方波。①、③：韋恩電橋、④：考畢子三者皆為弦波振盪器。

95. ①$50mA^2 \times 0.5k\Omega = 1.25W$　　　②$0.3A \times 13V = 3.9W$

　　③$20V^2 / 2k\Omega = 0.2W$　　　④$2A^2 \times 1\Omega = 4W$。

96. 最大：$(12 - 3.2) / 30m = 293\Omega$。最小：$(12 - 3.2) / 45m = 195\Omega$。電阻要在 $293\Omega \sim 195\Omega$ 間。

97. 本題問法有爭議：因隧道二極體部分區間為正電阻，部分區間為負電阻。故問"下列哪些元件具有負電阻的特性？"較佳，隧道二極體的負電阻的特性，用來作振盪器。

98. 同 05-06。

99. ④負回授可以穩定電路，因增益降低更不容易使波形失真。

100. 有效值為 $5 / 0.707$ V，頻率為 $60 / 2\pi$ Hz。

101. $(5 - 1.7) / 10m = 330\Omega$，$(5 - 1.7) / 20m = 165\Omega$。電阻要在 $330\Omega \sim 165\Omega$ 間。

102. VR 中腳電壓 $= 2.1 + 0.7 = 2.8V$。

　　當 VR 調到最上 $V_o = 2.8V / 12.2k \times 14.4k = 3.3V$，

　　當 VR 調到最下 $V_o = 2.8V / 2.2k \times 14.4k = 18.3V$。

103. CC 式又稱射極隨耦器，隨耦器即電壓增益$\fallingdotseq 1$ 之意，其功用為作阻抗匹配。主要特點為：輸入阻抗極高、即輸出阻抗極低、電流增益極大。

106. 有效值為 $200 \times 0.5 = 100V$，平均值為 $200 \times 0.318 = 63.6V$。

107. 同 05-06。

108. $20 = I_B \times 121 \times 4.7k\Omega + I_B \times 680k\Omega + 0.7$，$I_B = 15.5\mu A$，

　　$I_c = 15.5\mu A \times 120 = 1.86$ mA，

　　$V_{CE} = 20 - 1.86$ mA $\times 4.7k\Omega = 11.26V$，

　　$V_{BC} = V_B - V_C = 0.7 - 11.26V = -10.56V$。

109. 50 與 -50 其大小相同，負號表示輸出與輸入相位差 180 度。

110. ②一般有白色環狀帶或有標記的那一端為 N(陰極 K)　　④不須考慮加何種偏壓。

111. ②絕緣體的溫度升高，還是不導電　③金屬導體的溫度升高，電阻增加

　　④高雜質濃度的半導體，將它想成有金導體的特性，溫度升高，電阻增加。

112. 摻入五價元素後，屬於 N 型半導體，少數載子為電洞，多數載子為電子。

113. 本題為 CE 式。輸入為 I_B 輸出為 I_C 有關電晶體特性曲線敘述如下：

集極輸出特性曲線表示的是 V_{CE} 與 I_C 之間的關係以 I_B 為參考基準，不同的 I_B 有不同曲線，基極輸入特性曲線表示的是 V_{BE} 與 I_B 之間的關係 V_{CE} 為參考基準，不同的 V_{CE} 有不同曲線。

③繪製集極輸出特性曲線時是以 $\boxed{I_B}$ 為參考基準　④V_{CE} 對 V_{BE} 與 $\boxed{I_B}$ 之間的關係影響很大。

114. $I_C = I_E - I_B$ ，$\beta = \alpha / (1 - \alpha)$。

115. V.R.$= (V_N - V_F) / V_F$ 本題答案有誤：應為①③。

滿載內部壓降 ＝ 輸出阻抗 2Ω × 滿載電流 2.5A = 5V，

滿載電壓 $V_F = 30 - 5 = 25$，V.R. = $(30 - 25) / 25 = 20\%$。

116. $V_b = V_a = 60V$，$V_{ab} = 0V$。

117. 電路上下對稱故中間三點皆同電位，流經 6Ω 的電流 $I_{6\Omega} = 0A$。

總電阻 $R_T = 8 // 8 // 4 = 2\Omega$，總電流 $I_T = 10 / 2 = 5A$，

流經 2Ω 的電流 $I_{2\Omega} = 10 / 4 = 2.5A$。

118. ①磁鐵外部由 N 到 S，內部由 S 到 N　②磁力線無論進入或離開磁鐵均與其表面垂直。

119. 為減少負載效應理想電壓源內阻愈小愈好，理想電流源內阻愈大愈好。

120. 達靈頓通常接成 CC 式故與 CC 式特性一致，隨耦器即電壓增益≒1 之意，其功用為作阻抗匹配。主要特點為：輸入阻抗極高、即輸出阻抗極低、電流增益極大。

121. 振盪所必要的條件(1)必須是正回授，(2)$\beta A \geq 1$，(3)必須有維持振盪的足夠能量。

122. 放大器加負回授增益會降低$(1+A\beta)$倍但換來的的優點為好的會變大$(1+A\beta)$倍，壞的會降低$(1+A\beta)$倍。但無關阻抗。

工作項目 06：數位邏輯設計

1. 三位二進碼組成一個八進碼：$10110 = \underline{10}\ \underline{110} = \underline{010}\ \underline{110} = 26_{(8)}$。

2. 卡諾圖如照妖鏡，將布林代數式、SOP 或 POS 化成卡諾圖即可一目了然，由下列這麼多題目就知非學通不可！

4. 開集極(OC)閘輸出只有 0 與高阻抗 Z，故可將多個輸出接在一起而不會短路。此時再加提升電阻到電源即成為線接及閘之功能。如圖，OC 閘輸出取補數再改成線接反或閘。

$F = (AB)'\,(CD)' = (AB + CD)'$

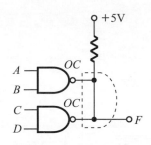

5. $2^5 + 2^4 + 2^3 + 2^0 = 32 + 16 + 8 + 1 = 57$。

6. 當 $J = 0$，$K = 0$ 則 $Q_{n+1} = Q_n$，即保持不變。

8. $38.25 = \underline{0011}\ \underline{1000}.\underline{0010}\ \underline{0101}$。

10. $1K = 1024$ 要十條線，$4K$ 要十二條線

11. 同 02-01。

12. 分析後一個大週期時序圖如下：爲一個模 3 異步計數器。

$f_o = Q_{右} = 1 / 3 f_{CK}$

$Q_{左}$：0 1 0，

$Q_{右}$：0 0 1。

13. 依 AB 值不同，G 從不同的地方輸出爲解碼器或解多工器。

14. $A = 1$，$B = 0$ 選到 Y_1，故 $Y_1 = G$，其餘爲 1。

15. $3.625 = 2^1 + 2^0 + 2^{-1} + 2^{-3} = 11.101$。

16. TTL 電路 $V_{CC} = 5V$，$V_{IH} \geq 2.0V$，$V_{IL} \leq 0.8V$。

18.

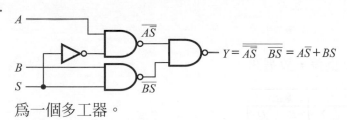

$$Y = \overline{\overline{A\overline{S}}\ \overline{\overline{BS}}} = A\overline{S} + BS$$

爲一個多工器。

19. 分析後一個大週期時序圖如下：爲一個模 4 同步計數器。故選①

Q_A：0 1 0 1，

Q_B：0 0 1 1。

20. 1 的個數爲奇數輸出爲 1 即 XOR。$F = (A \oplus B) \oplus (C \oplus D) = A \oplus B \oplus C \oplus D$。

21. X 與 Y 要接通，$F = (A + B)AB = AB + AB = AB$。

22.

CD\AB	00	01	11	10
00	1	1	×	×
01	×	1	0	1
11	0	1	0	1
10	×	×	1	1

$= AB' + A'B + D'$

26.

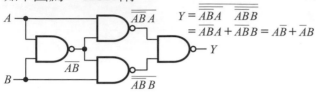

$$XY + X'Z + YZ = \quad = XY + X'Z$$

27. 如下圖為一 XOR 閘

$$Y = \overline{\overline{\overline{AB}A}\ \overline{\overline{AB}B}}$$
$$= \overline{AB}A + \overline{AB}B = A\bar{B} + \bar{A}B$$

28.

$$= A' + B$$

29. V_o 為數位電路輸出不是 0 就是 1，故②與③二者選一個。

   t_1 時開關接通 $V_i = 0$，$V_o = 1$，故選②。

30. 根據狄莫根定理$(A + B)' = A'B'$，故選④。

31. XOR 相同為 0，相異為 1，故為 0。

33. $X = AB$，$Y = A \oplus B$，故為半加器。

34. 順序邏輯即序向邏輯，要有記憶元件。

35.

$$= B' + AC'$$

36. 如下圖為半減器真值表，B 為借位，D 為差，故選③。

輸入		輸出	
X	Y	B	D
0	0	0	0
0	1	1	1
1	0	0	1
1	1	0	0

37. $100\ \mu s \times 100 / 80 = 125\ \mu s$。

38.

$$F = AB' + A'B + AB = \quad = A + B$$

39. ECL 工作在接近飽和的工作區故速度快。

40. Gray => Binary 電路

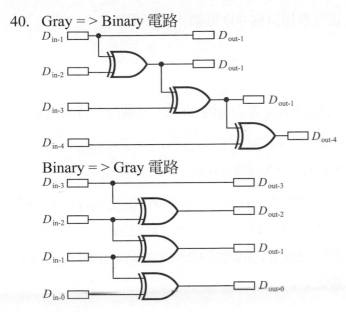

Binary => Gray 電路

41. $(101100)_2$ 之 1 的補數為 01 相反。

42. 此為倍頻器電路，藉由 XOR 閘的傳遞延遲時間將正負緣取出，達到倍頻效果。

44. 訊號源輸出為 6MHz，再經除 2 電路故輸出為 3 MHz。

45. 要以傳遞延遲時間最的大者來考量，故 1/100ns=10MHz。

46. 同 06-40。

47. 本題有爭議，一個 7400 內有四個 NAND 如下圖。應該一個 7400 就可以完成。

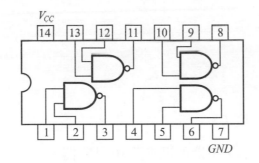

49.

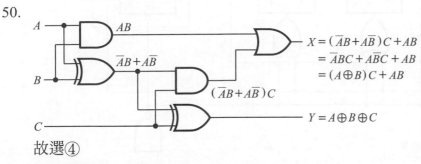

$Y = AB + CD =$ 共9個0

CD\AB	00	01	11	10
00	0	0	1	0
01	0	0	1	0
11	1	1	1	1
10	0	0	1	0

50.

$X = (\overline{A}B + A\overline{B})C + AB$
$= \overline{A}BC + A\overline{B}C + AB$
$= (A \oplus B)C + AB$

$Y = A \oplus B \oplus C$

故選④

同上圖分析。④若 $A = B = C_i = 1$ 則 $S = 1$，$C_o = 1$。

51. 本題有爭議,初值要有 01 的變化才行,若正反器初值為 000 則輸出頻率為 0。

$F_{o2} = 150\text{kHz} / 3 = 50\text{kHz}$

52. 圖左側為輸入,右側為輸出可得答案。

53. 電源與電容的電位差稱充電力道。每個時間常數都上升充電力道的 0.632。當時間 1 時充電力道只有 0.37E。

54. 此元件為三態型反閘。三態閘當 $EN = 1$ 時,$Y = /X$。當 $EN = 0$ 時,$Y =$ 高阻抗 Z。

55. TTL 的輸出不可以直接驅動 CMOS 的輸入。因為 5V 的 TTL 的介面準位是固定的:$V_{OL} <= 0.2$ V,$V_{OH} >= 2.4$ V,$V_{IL} <= 0.8$ V,$V_{IH} >= 2.2$ V;而 CMOS 的介面準位是相對於 V_{CC}。$V_{IL} <= 30\%V_{CC}$,$V_{IH} >= 70\%V_{CC}$;也就是 TTL 的高電位輸出(V_{OH})低於 CMOS 的高電位輸入(V_{IH}),因此必須在 TTL 輸出端加裝一個提昇電阻器到 V_{CC}。

57.

$$Y = \begin{array}{c|cccc} {}_{CD}\backslash^{AB} & 00 & 01 & 11 & 10 \\ \hline 00 & 1 & \times & \times & 0 \\ 01 & 1 & \times & 0 & 0 \\ 11 & 0 & 0 & 1 & \times \\ 10 & 0 & 0 & \times & 1 \end{array} = A'C' + AC$$

58. 輸入脈時與其延時訊號一起送入 XOR 閘有倍頻效果。

60. 分析後一個大週期時序圖如下,為一個模 3 同步計數器。

$F_o = Q_2 = 1 / 3 f_{CK}$

Q_1:0 1 0

Q_2:0 0 1。

61. 1 的個數為奇數輸出為 1。

62. 指 MOSFET 元件閘極的長度 L。

63. 7490 內有模 2 與模 5 計數器,串接可組成模 10 計數器。

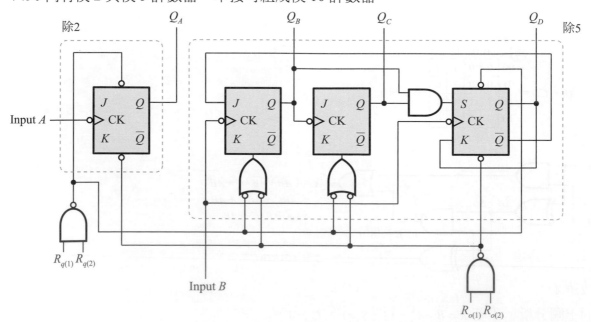

64. 偶同位：1 的個數為偶數。

65. ④ CMOS 較省電但傳輸延遲時間較 TTL 長。

71. 共陽極七段顯示器接高電位的腳不會亮。

72. 共陰極七段顯示器接低電位的腳不會亮。

74. ② PE(preset enable)是將 Q 輸出預設為 1 ③ CLK 無圓圈是正緣觸發 ④ CI 有圓圈是在低電位時才計數。

75. $1.111_2 = 2^0 + 2^{-1} + 2^{-2} + 2^{-3} = 1 + 0.5 + 0.25 + 0.125 = 1.875$。

76. $2EA_{16} = 2 \times 16^2 + 14 \times 16^1 + 10 \times 16^0 = 512 + 224 + 10 = 746$。

77. $105 = 64 + 32 + 8 + 1 = 1101001_2$。

78.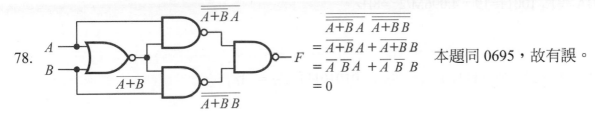

$$\overline{\overline{\overline{A+B}A}\ \overline{\overline{A+B}B}}$$
$$= \overline{\overline{A+B}A} + \overline{\overline{A+B}B}$$
$$= \overline{\overline{A}\ \overline{B}A} + \overline{\overline{A}\ \overline{B}B}$$
$$= 0$$

本題同 0695，故有誤。

79. 輸入有一個為 1 輸出即為 0，故為 NOR 閘。電路 $T_1 \cdot T_2$ 為 PMOS，$T_3 \cdot T_4$ 是 NMOS 故為 CMOS 邏輯族。

80. 輸出如下圖

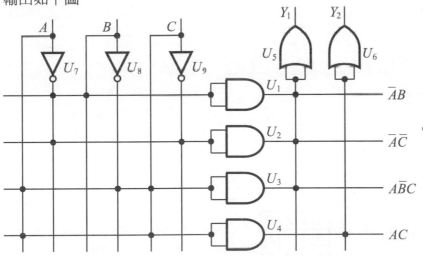

行輸出如下：

$Y_1(A,B,C) = A'B + A'C' + AB'C =$

A \ BC	00	01	11	10
0	1	0	1	1
1	0	1	0	0

$= \Sigma(0,2,3,5)$

$Y_2(A,B,C) = AC =$

A \ BC	00	01	11	10
0	0	0	0	0
1	0	1	1	0

$= \Sigma(5,7)$

81. 當 CK 從 0 變 1 時輸出會轉態。一個大週期時序圖如下：

    Q_0：0 1 0 1 0 1 0 1 0，

    Q_1：0 1 1 0 0 1 1 0 0，

    Q_2：0 1 1 1 1 0 0 0 0，

    故爲非同步下數計數器。

87. 此爲比較器電路，以 A 爲主角與 B 比較，列出眞值表即可得。

89. ① 0.0100110011$_{(2)}$約爲 0.2981 較接近。

    ④ Excess3 即超三碼

91. 74138 輸入 111 只有 Y7N 爲 1，連接到共陰極七段顯示器 1 才會亮，故只有 bcd 三隻腳不亮。

92. EDCBA 設爲 10011=19，$4.096M/2^{19}=8Hz$。

複選題

94. $57 = 2^5 + 2^4 + 2^3 + 2^0 = 111001_{(2)} = 39_{(16)} = 01010111_{(BCD)} = 71_{(8)}$。

95.

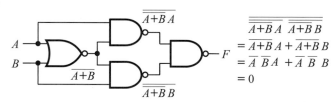

$= \overline{\overline{A+B}A} \ \overline{\overline{A+B}B}$
$= \overline{\overline{A+B}A} + \overline{\overline{A+B}B}$
$= \overline{A}\ \overline{B}A + \overline{A}\ \overline{B}B$
$= 0$

    故選 $F = 0$ 者。

96. CMOS 的介面準位是相對於 V_{CC}：$V_{IL} <= 30\%V_{CC}$，$V_{IH} >= 70\%V_{CC}$。故 $V_{IL} <= 3V$，$V_{IH} >= 7V$。

97. 模 6 一個大週期時序圖如下：

    Q_1：0 1 0 1 0 1，

    Q_2：0 0 1 1 0 0，

    Q_3：0 0 0 0 1 1。

    Q_1 的工作週期爲 1 / 2。

    Q_2、Q_3 的工作週期 = 2 / 6 = 33.3%。

98. Y 化成眞值表，如右圖。

    可得① $I_0 = C'$，② $I_1 = 1$，

    ③ $I_2 = C'$，④ $I_3 = 1$。

A	B	C	F
0	0	0	1
0	0	1	0
0	1	0	1
0	1	1	1
1	0	0	1
1	0	1	0
1	1	0	1
1	1	1	1

99. 1 的個數爲奇數輸出爲 1。

100. 輸入從右邊先檢查第一位 0 則爲 9、第二位 0 則爲 8，餘此類推。①與④的輸出皆爲 6。

101. ② $T = 0.7(2R_1 + R_2)C_1 = 0.7(20k + 100) \times 0.1\mu = 1.4\ ms$，$f = 1 / 1.4ms = 720\ Hz$。

102. 即 8 位元強森計數器。①第 8、24、40、56...個 CK 輸出才會 11111111，

    ③模 16。

乙級數位電子學科題庫與詳解

103. 如本書正反器之說明，用微分器示意。④取出尾緣。

104. 以下五題由正反器的激勵表可得答案。

Q_N	Q_{N+1}	J	K
0	0	0	×
0	1	1	×
1	0	×	1
1	1	×	0

。

105.

Q_N	Q_{N+1}	J	K
0	0	0	×
0	1	1	×
1	0	×	1
1	1	×	0

。

106.

Q_N	Q_{N+1}	S	R
0	0	0	×
0	1	1	0
1	0	0	1
1	1	×	0

，本題為 SR 正反器。

107.

Q_N	Q_{N+1}	J	K
0	0	0	×
0	1	1	×
1	0	×	1
1	1	×	0

。

108.

Q_N	Q_{N+1}	J	K
0	0	0	×
0	1	1	×
1	0	×	1
1	1	×	0

。

109. 輸入有一個為 1 輸出即為 0，故為 NOR 閘。

電路 T_1、T_2 為 PMOS，T_3、T_4 是 NMOS 故為 CMOS 邏輯族。

110. 如下圖。當 A、B 其中有一點為 0，C 點為 0，Q_2 不通，Q_3 通，Q_4 不通，
F = 高電位，故為 NAND 閘。為 TTL 邏輯族。

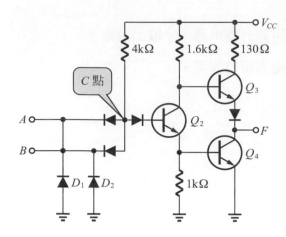

111. ①X + 1 = 1　②X · 1 = X　③X · 0 = 0　④X + 0 = X。

112. 為除 8 電路強森計數器

113.

C \ AB	00	01	11	10
0	0	0	1	1
1	1	1	0	0

$= A'C + AC' = A \oplus C = (A + C)(A' + C')$

114. 同 06-80。

115. 同 06-50 圖分析。④若 $A = B = C_i = 1$ 則 $S = 1$，$C_o = 1$。

116. ②$Y_1 = S_1'S_2D$，③$Y_2 = S_1S_2'D$。

117. ①$Y_0 = E'A'B'$，④$Y_3 = E'(A'B' + AB)$。

118. SR 正反器的激勵表：

Q_N	Q_{N+1}	S	R
0	0	0	×
0	1	1	0
1	0	0	1
1	1	×	0

T 型正反器的激勵表：

$Q(t)$	$Q(t+1)$	T
0	0	0
0	1	1
1	0	1
1	1	0

119. ①第一個字元必須是英文字母，④識別字有區分英文大小寫。

120.

A \ BC	00	01	11	10
$Y_0 =$ 0	0	0	1	0
1	0	1	1	1

$= AB + AC + BC = AC + BC + ABC'$。

$Y_1 = A \oplus B \oplus C$

121. ②格雷碼為 01100111 ④ 69 二進位碼應為 01000101。

122. ② $765.1_{(8)} = 111110101.001_{(2)} = 1F5.2_{(16)}$，④ $1010101.1_{(2)} = 85.5$。

123.

$$F = \overline{\overline{\overline{ABA}} + \overline{\overline{ABB}}},$$
$$= \overline{\overline{ABA}} \ \overline{\overline{ABB}}$$
$$= \overline{AB}AB = 0$$

故選 $F = 0$ 者

124. ③ AND-OR 即積之和　④ OR-AND 即和之積。

125. ④ $d = 80\%$。只有輸出 0 與 7 時 MSB 為 0，其餘為 1。

126. CPU 內部有暫存器，不含 ROM 與 RAM。

127. 由 N 個 JK 正反器所組成的強森計數器，模數可以有 $2N$ 與 $2N\text{-}1$。

128. 當 A/S 腳 $= 0$，$S = A + B$; 當 A/S 腳 $= 1$，$S = A + B' + 1 = A\text{-}B$ 為並列加減法器。

129. 同 06-81。

130.

sop： $= \overline{A}C + AB + A\overline{C}$

pos： $= (A + C)(\overline{A} + B + \overline{C})$

133. 參閱本書多工器單元，B 為 4 對 1 多工器，傳播延遲約等於 $2T$。

136. ②右移常用在除法運算，③算術左移時 MSB 會做符號擴展。

137. 當 C_0 腳=0，$S = A + B$; 當 C_0 腳=1，$S = A + B' + 1 = A\text{-}B$ 為並列加減法器。

139. ① C_1 充放電壓振幅為 $V_{CC}(1/3 \sim 2/3)$　② f_o 約為 $1/1.4R_1C_1$ 約為 700Hz。

140. ①$(X+Y)(X+Y')=X+YX+ XY'$　④$(X+Y')Y=XY$。

141. ③$=(X' \oplus Y)'$　④$= X'+Y$。

工作項目 07：電腦與周邊設備

單選題

2. 記憶體的計算很重要。位址線的大小 1K：10 條，1M：20 條，1G：30 條

256K×1 表示記憶長度為 256K=256×1024 個位址，記憶寬度為 1 位元

512K×16 = 2×256K×1×16，2×16 = 32。

3. 同時多工(Multitasking)為多人使用的電腦系統(Multi-user Computersystem)不可或缺的條件。

4. 加法(ADD)指令後，會影響①Zero(零旗標) ②Carry(進位旗標) ③Overflow(溢位旗標)，不會影響 ④Interrupt(中斷)。

5. 微電腦之堆疊器放在 RAM。

6. ③有特別名稱的匯流排是外部的，其標準要公開，系統才可互連。

7. 程式執行中以資料搬移指令最多。

8. CPU 會自動抓程式碼來交由控制單元執行，抓來程式碼的指令部分即放在 IR，故 IR 屬控制單元。

9. 將監督程式放在 ROM 內稱之為韌體。

10. 微電腦內的比較指令是以減法運算完成比較動作，才會影響旗號。

11. $AE0_{(16)}$ 取補數 $+1 = 51F_{(16)} + 1 = 520_{(16)}$。

12. 或閘是輸入有 1 個為 1 輸出就為 1，反或閘是輸入有 1 個為 1 輸出就為 0。

13. BIOS 是在開機時的自我測試及載入作業系統的功用。編譯程式是在撰寫程式時才要執行的應用程式。

14. 共陰給 1 會亮，給 0 不亮。輸入為 9，故選②。

15. CPU 會自動抓程式碼來交由控制單元執行，控制單元會依據程式碼的不同作出不同的處理。

17. 巨集指令與副程式很像，都方便程式的撰寫，但副程式只需一份程式碼，但巨集指令編譯時每個都會展開，因此較佔空間。
CPU 暫存器以及旗標的值是否造成混亂與巨集無關。

18. ④中斷目前程式執行把控制權交還給中斷副程式。

20. 指令暫存器只存指令碼會較精簡，對應的指令是已固定的常數。參數值是程式規劃時的變數不宜放在此處。

23. 奈 $= nano = 10^{-9}$。

24. SRAM 在電腦內部，不是輔助記憶體。

25. $2^5 \times 8 = 32 \times 8 = 256$ bits。

26. 任何機器都只能執行機器語言。故無論高低階語言都要轉成機器語言。

27. 位址有 $8K = 2^3 \times 2^{10} = 2^{13}$，13 條。

28. $56K \times 16 = 7 \times \underline{8K} \times 8 \times 2$，$7 \times 2 = 14$。

29. ②堆疊是採用先進後出方式。

30. ④與 SRAM 比，DRAM 存取速度比 SRAM 慢。

32. 1Byte 要 12 位元，故 800Byte 要 9600 位元，9600/2400 接近 0.5 秒。

33. 中斷式 I/O 中會以中斷要求線(IRQ)來通知 CPU。

34. $2^{16} = 65536$。

35. 1M：20 條位址線。

37. 1240×1024 點約為 1M，256 色=2^8 即 1Byte 故選② 1.3MBytes。

40. RISC 擁有一簡化的控制單元，典型的單一指令執行只需 1 機械週期。

41. E^2PROM 由電壓清除或更新，故不需要從腳座上移開。

42. USB 為熱插拔(hot-pluggable)裝置介面。

43. RAM 關機資料即消失。

46. ①每字 7×9 是寬×高，故螢幕寬有 7×80=560 個點。

49. ①鍵彈跳(Keybounce)即按鍵的彈跳現象，一般值為 20ms 以內。

50. ③語音合成器為一種作語音處理的裝置或軟體。

51. 1Byte 有 8 位元加上起始與結束位元大約除 10。

52. 點矩陣式為機械撞擊式印字機，故速度慢又有很大的噪音，但撞擊力量大一次可複寫多張紙，得以存活至今。

53. DPI：Dot Per Inch，點每吋。

54. 耗電量排名：②液晶 LCD<①發光二極體 LED<③電漿 PLASMA<④陰極射線管 CRT。

55. 顯示卡之彩色解析度排名： ④ VGA:640×480>② MGA:720×350>③ EGA:640×350>① CGA:640×200。

56. 應為 128K<u>B</u> 的記憶體。128KB=128×1024×8/600/400=4。4 位元有 16 色的變化。

60. 因為是共通的界面，使用不同廠牌的電腦不會造成無法連線。

61. ④電腦沒必要送出轉換過的數位信號到 A/D 裝置。

62. ①有三個獨立的 8bits I/O 埠。

63. ①單工(Simplex)：單向，②全雙工(fullduplex)：雙向同時，③半雙工(halfduplex)：雙向但不同時。

65. ASCII 為 7 位元。EBCDIC 是 ASCII 的延伸為 8 位元。

66. 光纖最不怕電磁干擾。

67. 交握即資料發送方和接收方相互地將己方已完成的情況告訴對方，以確保資料傳輸的正確性。

68. 最高層是應用層，最低層是實體層。

70. 有針狀印字頭即點矩陣。

72. USB 為目前常見的列表機介面。

73. 漢明(Hamming)碼具有偵錯和校正能力。

75. ① CD-ROM：只可讀　② CD-R：只可寫一次　③ WORM：只可寫一次　④ CD-RW：可重覆多次讀寫。

76. 電話線上網要用數據機。

77. ④交換機是電信網路的設備。

78. 人的視覺暫留 1/16 秒。

79. ①匯流排寬為 32 位元。

82. ①可接 127 個周邊。

84. ①目前無電感式觸控顯示螢幕。

85. ①非同步傳輸資料還要加控制位元，故傳輸量較小。

複選題

86. ④應是資料匯流排。

87. ①CPU 下一個執行的指令儲存於程式計數器(Program Counter)中　④多核心微處理器可用於多工環境的作業系統下，指揮各單元進行平行處理。

88. ①Address bus 的位元數決定可定址的記憶體長度，與速度無關。

89. $97H=151=227_8=10010111_2$。

90. ①如本書的同步式電路，是 ROM 與 D 型正反的組合。

91. ①同步式電路 CK 都要接在一起。

92. 加權碼為各位元有不同的權重。例二進碼。

94. ③Boot loader 會先被存在(各種)ROM 中，開機時被載入主記憶體執行。

95. ④可再接受中斷。此時堆疊再往上疊。

97. ②這部電腦的 CPU 最大定址能力為 $2^{32} \times 4Byte = 2^2 2^{30} \times 4Byte = 16GB$。

98. ③單核心微處理器能用於多工環境的作業系統。經由作業系統的管理、分配可達到多工的效果。

104. CPU 一次處理 8 位元稱為 8 位元微控制器，因此選①資料暫存器為 8 位元　②資料匯流排較合理。

105. ①DAC 數位轉類比電路：要用多位元的數位電路轉成一個類比電路輸出，電壓越高越亮　②PWM 脈波寬度調變：只要用一位元的數位電路，脈波週期固定，脈波寬度越寬越亮。

108. ① bps 為 bit per second 以 bit 來計算。

109. ①串列資料傳輸皆以 bit 來計算。

110. 同 07-66。

114. ① Bluetooth：藍牙(無線)　② RFID：射頻識別技術(無線)　③ NFC：近場通訊(無線)　④ Ethernet：乙太網路(有線)。

115. ③屬於一種低功率的短距離無線傳輸技術　④可一對多連線進行資料傳輸。

116. ② USB 集線器不需要終端子，③ Type-B 大都用於周邊裝置。

117. ①對於 6 線 2 相 200 步之步進馬達步進角度為 360°/200=1.8°。

118. ② USB3.0 傳送的速率為 5Gbps。

119. ① 200dpi 即每吋有 200 點。4×6 吋的黑白照片共有 4×6×200×200=120KB 的記憶空間。

123. ③雷射筆可用來作簡報但不是輸入裝置　④耳機不是輸入裝置。

126. 因為是共通的界面，使用不同廠牌的 RS-232 不會造成無法連線。

129. ①內部無機械裝置，③與 Flash /EEPROM 同特性。

工作項目 08：程式語言

1. 虛擬指令(Pseudo Instruction)不是真指令，不會產生指令碼，只在編譯階段作編譯指示用。

2. 巨集指令與副程式很像，都方便程式的撰寫，但副程式只需一份程式碼，但巨集指令編譯時每個都會展開，因此較佔空間。

3. ④零值旗標為 1 時表示邏輯運算結果為 0。

4. 巨集指令與副程式很像，都方便程式的撰寫，但副程式只需一份程式碼，但巨集指令編譯時每個都會展開，故巨集不可節省程式碼的空間。

6. 2 個 BCD 碼共 8 位元。

7. 整數有三種表示形式：十進制，八進制，十六進制。其中以數字 0 開頭，由 0～7 組成的數是八進制，b = 11 / 6 = 1。

9. 整數有三種表示形式：十進制，八進制，十六進制。④八進制以數字 0 開頭，由 0～7 組成。

10. 宣告二維陣 a[2][4]={1,2,3,4,5,6,7,8,}，其範圍為 a[0][0]到 a[1][3]故 a[1][2]之值為 7。

11. i 值有 1、3、5、7、9 共 5 次。

12. ② do... while 迴圈，至少會執行一次再比較。

13. 做完比較後結果只有真 1 與偽 0 二值。

14. 當 x=0、1、2、3 會做 i++。x 加到 4 條件不符跳出迴圈，故執行 4 次。

15. 會進到 case 2 執行，但其後無 break 會做往下做 case 3 後跳開。

16. printf("\n") for 只在主迴圈做，共做 3 次。

17. x+=x+y++為 x 內容先加 x+y 後 y 再加 1。

18. 副程式條件式中(f--<5)，f 先比後減故為假，但跳回時 x++後面的++並未處理即跳開，故傳回 4。

19. %是取餘數，/是取商數。

20. 四者取其大，double 有 8Byte 最大。

21. swap 副程式作交換但無傳回機制故無改變。

22. 巨集展開(a>b?a:b)變 (++n>m? ++n:m)，因 n+1 變 11 故條件為真，傳回++n 故傳回前 n 又加 1 變為 12。

23. 一次只能讀取、翻譯，並執行一列程式敘述的程式稱為直譯器(Interpreter)。

24. 只輸出 s[0]至 s[2]故只印出前 3 字。

25. 還要加上一個結束字元。

26. "Call by value"稱為傳值呼叫。

27. 10>5 為真故顯示 1。

28. K-=2 即 k=k-2。

29. I 遞增到 3 時餘數為 0 就跳開，故 sum=1+2+3=6。

31. A=054=00101100, b=0Xa2=10100010, c=55=00110111, ~b=01011101, x=00001100=C(印出 16 進制), y=10110111=183。

32. 區域變數只在各模組存活，模組間各自獨立。

33. rand()%6，取餘數得到 0~5，其值再加 1 會得到 1~6 的值。

35. 副程式 reset 將陣列 arr 前 3 項設為 1 故印出 11140。

36. a 為取整數故為 123，b 為取 123/4 的餘數故為 3，c 為 123 往右移 2 位元可視為除 4 商為 30。

37. &&為邏輯運算子輸出只有 0 或 1，其左邊值為 1 右邊值也為 1 故輸出 1。

40. stack 稱為堆疊暫存器，有先進後出的特性，用在主程式於呼叫函數時，暫存返回資料。

43. Preprocessing 即編譯前先處理之意。

44. 組譯器 Assembler 可將組合語言轉換成機器語言。

45. 宣告整數 int 變數後即用等號給予初值 。

46. 宣告浮點數 float 變數後即用等號給予初值。

58. 第 8 列的命令使得*y==*x。

59. 第 9 列的命令會使 x 的內容遞增 3 次，故輸出為 MNOP。

乙級數位電子學科題庫與詳解

60. 第 5 列:指標 x 放變數 a 的位址,指標 y 放變數 b 的位址

第 6 列:c = y[0]為 10,d = x[0] 為 20

第 7 列: x[0] = c 為 10

第 8 列: y[0] = d 為 20

第 9 列:印出指標 x 與指標 y 的內容。

61. 第 5 列: 指標 x 指的為 8 位元變數的位址

第 6 列: b[0] += 132 為 232

第 7 列: b[1] += 3 為 3。組成為 a 時為 3*256+232=1000。

62. 第 14 列:指標 y 放入指標 x 故其 x 與 y 位址相同,內容皆為 11

第 15 列: 兩個星號為指定一個指向指標的指標

第 16 列: *z[0] = x[0]; 指向指標指到 x[0]

第 17 列:用 16 進制印出 11 的值即 b。

63. unsigned short int w : 1;即宣告只用 1 位元但還是佔了 2Byte。

unsigned short int h : 1;宣告只用 1 位元會接下去放,還是使用相同的空間,故全部為 2 Byte。

64. a=201=11001001_2,b=123=01111011_2 二數各位作斥或運算為 10110010_2=178。

65. a=201=11001001_2,a>>1=01100100_2=100。等同除 2。

複選題

66. 本題有爭議,② 執行 z=x|y 後,z=0xe6 ③ 執行 z=x<>2 後編譯失敗④無內容。

70. 本題有爭議,② for (a=0; a<b; a--) { printf("*"); }經歷很長的時間後 a 會溢位變為正數,跳出迴圈。

71. ① A[0][22]= A[1][2]=10,但② A[1][2]=10 可能誤植為 1000。

72. 第 8 列:宣告 a 為 local 變數=100

第 9 列: b 仍為 glbal 變數,其值被指派 10

第 10 列: 印出 a,b

第 11 列: 執行 func()。ab 皆為 glbal 變數,a=50+300=350,b=350+10=360

第 12 列: 印出 a,b。a 為 local 變數=100,b 仍為 glbal 變數=360。

73. ① a=b 是將 b 的內容指派給 a。

74. ① chard 的範圍為 127~-128,③ short int 的範圍為 32767~-32768。

75. 第 5 列:指標 b 放變數 a 的位址。第 9 列 b[0] += n[i]即從 75 作累加,若

第 6 列: int n[4] ={30, 5, -7};則印出 75,105,110,103 的 ASCII 碼即 King。若

第 6 列: int n[4] = {-2, 5, -7};則印出 75,73,78,71 的 ASCII 碼即 KING。

76. union 稱為同位，它只會選擇一種變數類型儲存，且會以變數類型最大 size 的變數空間作為其佔用的記憶體空間故 sizeof(A1) = 8。因為它們佔的是同一塊記憶體空間故 A1.a 內容會被 A1.b 覆蓋，即 A1.a = a[0]=100=0x64。

77. 結構(struct) 記憶體安排如下：

struct a:　int x (4B)先放，要空 4B 才能續放 double z;(8B)，接下來放 short int y(2B)但後面 6B 都無法使用故為 24。

struct b:　double z(8B);先放，後面放 int x(4B)，再放 short int y(2B) 但後面 2B 無法使用故為 16。

81. ①執行 num = (++ a) + (++ b)後，num = 21、a = 14、b = 7

②執行 num = (a++) + (b++)後，num = 19、a = 14、b = 7

③執行 a += a + (b++)後，num = 0、a = 32、b = 7

④執行 a× = b--後，num = 0、a = 78、b = 5。。

82. ① while 迴圈是前端測試判斷條件，④ do…while 迴圈是後端測試判斷條件，至少做一次。

工作項目 09：網路技術與應用

1. 匯流排網路架構同一個時間允許一個節點傳送多個節點接收。

2. 集線器的連接埠不足時，可以使用其他的集線器串接。

3. 環狀網路當任一節點故障，整個網路即不能運作。

4. OSI 參考模型七層網路架構如下，故應選網路層

Layer 7	Application　應用層	應用程式之間交換資料
Layer 6	Presentation　表現層	資料格式的表現, 轉換, 壓縮與加密
Layer 5	Session　工作層	工作內容的建立, 同步, 控制及結束
Layer 4	Transport　傳輸層	工作內容的建立, 同步, 控制及結束
Layer 3	Network　網路層	網路傳輸路由的設定
Layer 2	Data Link　資料鏈結層	資料切割與控制以適應傳輸介質
Layer 1	Physical　實體層	定義信號格式, 連接介面與傳輸介質

5. 同 09-04，傳輸訊號與硬體有相關故應選實體層。

6. 同 09-04，電子郵件為諸多網路應用的一種故選應用層。

7. 同 09-04，實體層為最底層與硬體最密切相關。

8. 同 09-04，網路層為網路傳輸路由的設定故選路由器。

9. 同 09-04，MAC 是網卡上的編號應選資料鏈結層。

10. SMTP：簡易郵件傳輸通訊協定。

12. Wi-Fi 使用的通訊協定是 IEEE802.11x。

15. ② 802.11a 用頻率爲 5.0GHz。

16. 台灣各學校及學術研究單位爲主所使用的網路爲 TANet。

17. 相較於銅線傳輸，光纖線有四個主要的優點：
    (1)頻寬更大
    (2)距離更長、速度更快
    (3)電阻更高
    (4)安全性更高。

18. TCP/IP 協定中可使用 telnet 指令登入到遠端的主機。

19. ② smtp:25　③ telnet:23　④ http:80 。

23. LTE 是指 Long Term Evolution（長期演進技術）。

25. 代碼後者會高於代碼前者。

26. 防火牆無法加強對電腦病毒的防範。

27. 前 3 個 bit 爲 110。只要 ip 轉換成二進位是 110 開頭的，就可以認定它是屬於 Class C 級的 IP。

29. 無遮蔽即沒有金屬遮蔽。

30. 字典攻擊是一種蠻力攻擊，用於破解密碼。攻擊者通過嘗試數千或數百萬種字典中的英文單詞和常見的密碼來破解密鑰、密碼或口令。

複選題

31. 同 09-04。

34. ① GR-58 在 185 公尺內傳輸信號　② RG-11 在 500 公尺內傳輸信號。

37. ②也有下載的服務資源，④可法透過雲端服務線上直接編修文件。

38. ②樹狀(Tree)的結構，法無形成封閉性迴路，③環狀結構網路上的節點依環形順序傳遞資料。

41. 串列傳輸程式與系統頻率和程式語言無關。

42. 5G 包含現有 4G 網路的進化，它採用 C-RAN 與 HetNet 技術。

工作項目 10：微控制器系統

2. PIA(Programmable Interface Adapter) 可直接由英文作判斷，選②可程式控制介面。

3. RS232C 介面的輸出端 logic "0"，其原始定義爲 3～15V。

4. IEEE-488 匯流排是非同步並列傳輸界面有發言者(talker)與收聽者(Listener)之交握式資料傳輸，故④不正確。

5. 唯有三態緩衝器才允許各系統的輸出端接在一起而不會有短路現象。

6. RS-232C 以串列方式輸出，GPIB 以並列方式輸出，故 GPIB 的傳輸速度比 RS-232C 快。

乙級數位電子學術科解析(VHDL / Verilog 雙解)

7.　要接收、傳送與地線三條。

8.　$2^{24} = 2^4 \times 2^{20} = 16M$。

9.　外界訊號大都為類比，要用 A / D 轉換器轉成數位電腦才能處理。

10.　④資料匯流排才是傳送資料。

11.　①位準觸發有可能重複請求，邊緣觸發比位準觸發更明確。

12.　在串列傳送資料時，不考慮控制位元，應最先傳送最低位元 LSB。

13.　在 20mA 電流迴路界面中 20mA 表示邏輯 1，4mA 表示邏輯 0。

14.　UART 與 UART 之間傳輸方式為串列輸出串列輸入。

15.　對記憶體晶片而言，有讀入與寫出的規範。

18.　USB 介面最新傳輸速率最快。

20.　下列為記憶體與 CPU 遠近的關係。越近 CPU 單位成本越高，速度越快。

輔助記憶體=>DRAM /ROM=>SRAM(Cache)=>暫存器

而暫存器在 CPU 內，快取(Cache)用 SRAM。

21.　同 10-20。

23.　①各鍵是在按下時才接通。若無電阻器接到地，則未按下時輸入埠取得訊號電位不明，會有誤動作。

24.　UART 將並列式資料轉成串列型態送出時，除了先送出起始位元(Startbit) 後，接著傳送②低位元(LSB)。

25.　典型微電腦的 PCI 匯流排其資料位元寬度為③ 32。

複選題

31.　主記憶體不在 CPU 的內部。

35.　③傳輸距離可達 10 公分　④短距離高頻無線通訊。

37.　I²C 界面是一種串列介面，I / O 端使用汲級開路(Open Drain)故要加提升電阻，工作電壓為可 3.3 或 5V。

38.　I²S 或 I2S（Inter-IC Sound 或 Integrated Interchip Sound）是 IC 間傳輸數位音訊資料的一種介面標準，採用序列的方式傳輸 2 組（左右聲道）資料。

APPENDIX 附錄

壹、技術士技能檢定數位電子乙級術科測試試題使用說明............... 附-2

貳、技術士技能檢定數位電子乙級術科測試應檢人須知................. 附-4

參、技術士技能檢定數位電子乙級術科測試工作規則.................... 附-7

肆、技術士技能檢定數位電子乙級術科測試應檢人自備工具表....... 附-9

伍、技術士技能檢定數位電子乙級術科測試試題編號及名稱表....... 附-9

陸、技術士技能檢定數位電子乙級術科測試試題......................... 附-10

柒、技術士技能檢定數位電子乙級術科測試評審表...................... 附-26

捌、技術士技能檢定數位電子乙級術科測試時間配當表.............. 附-27

乙級數位電子學術科(VHDL / Verilog 雙解)

壹、技術士技能檢定數位電子乙級術科測試試題使用說明

一、本套試題依「試題公開」方式命題，共分兩大部分：

　　㈠第一部分為全套題庫，包含：1.試題使用說明、2.辦理單位應注意事項、3.監評人員應注意事項、4.應檢人須知、5.工作規則、6.應檢人自備工具表、7.試題編號及名稱表、8.試題、9.評審表、10.時間配當表等十部分。

　　㈡第二部分為術科測試應檢人參考資料，包含：1.試題使用說明、2.應檢人須知、3.術科測試工作規則、4.應檢人應自備工具表、5.術科測試試題編號及名稱表、6.術科測試試題、7.術科測試評審表、8.時間配當表等八部分。

二、主辦單位應將全套試題於術科測試協調會前，派送術科測試辦理單位使用。

三、術科測試辦理單位於測試 14 日前（以郵戳為憑）寄送第二部分「術科測試應檢人參考資料」，含術科測試場地機具設備表儀器廠牌及型號（附錄 1），一併給報檢人參考。

四、術科測試辦理單位應於聘請監評人員通知監評工作時，將全套試題電子檔寄給各監評人員參考。

五、本套試題共有 2 題（試題編號：11700-110201-2），術科測試時間 6 小時（含檢查材料時間）。

六、試題抽題規定：

　　(一) 由監評人員主持公開抽題（無監評人員親自在場主持抽題時，該場次之測試無效），術科測試現場應準備電腦及印表機相關設備各 1 套，術科測試辦理單位之試務人員依應檢人數設定試題套數並事先排定於工作崗位上（每題均應平均使用），依時間配當表辦理抽題，將電腦設置到抽題操作介面，會同監評人員、應檢人，全程參與抽題，處理電腦操作及列印簽證（測試列印用紙監評人員需事先簽證，若有列印失誤，應檢人需拿原先列印失誤者更換列印用紙）事項。應檢人依抽題結果進行測試，遲到者或缺席者不得有異議。

　　(二) 每一場次術科測試均應包含所列試題 2 題，測試當場由該場次術科測試編號最小號應檢人為代表抽籤（遲到者，依順序遞補術科測試編號最小號應檢人代表抽籤），籤條項目分 3 次抽選：

　　　　1.　抽試題編號：抽籤代表人抽出其中 1 題試題應試(術科測試編號最小號應檢人依抽定試題的第一個崗位入座)，其餘應檢人則依術科測試編號之順序(含遲到及缺考)接續依各崗位所對應之試題編號進行測試。

2. 抽子板指定接腳：由 A－E 共 5 種組合抽 1 組測試；非指定接腳由應檢人自行規劃。

A	J2													J3												
	P4	P5	P6	P8	P9	P11	P12	P14	P16	P18	P19	P20	P21	P24	P25	P26	P27	P28	P29	P31	P33	P34	P37	P39	P40	P41
	✓	✓	✓	✓	✓									✓	✓	✓	✓	✓								

B	J2													J3												
	P4	P5	P6	P8	P9	P11	P12	P14	P16	P18	P19	P20	P21	P24	P25	P26	P27	P28	P29	P31	P33	P34	P37	P39	P40	P41
									✓	✓	✓	✓	✓									✓	✓	✓	✓	✓

C	J2													J3												
	P4	P5	P6	P8	P9	P11	P12	P14	P16	P18	P19	P20	P21	P24	P25	P26	P27	P28	P29	P31	P33	P34	P37	P39	P40	P41
		✓	✓	✓	✓	✓															✓	✓	✓	✓	✓	

D	J2													J3												
	P4	P5	P6	P8	P9	P11	P12	P14	P16	P18	P19	P20	P21	P24	P25	P26	P27	P28	P29	P31	P33	P34	P37	P39	P40	P41
								✓	✓	✓	✓	✓		✓	✓	✓	✓	✓								

E	J2													J3												
	P4	P5	P6	P8	P9	P11	P12	P14	P16	P18	P19	P20	P21	P24	P25	P26	P27	P28	P29	P31	P33	P34	P37	P39	P40	P41
				✓	✓	✓	✓	✓										✓	✓	✓	✓	✓				

3. 抽七段顯示器顯示內容：由 J－N 共 5 種組合抽 1 組測試。

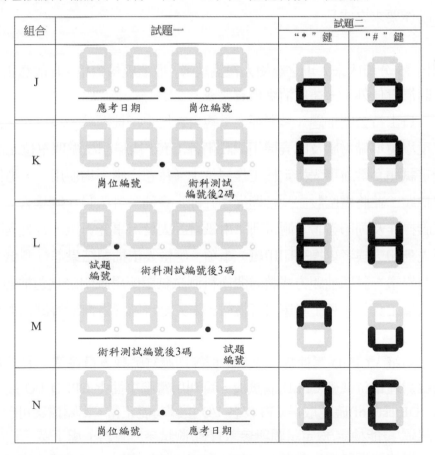

組合	試題一	試題二	
		"＊" 鍵	"＃" 鍵
J	應考日期　　崗位編號		
K	崗位編號　　術科測試編號後2碼		
L	試題編號　　術科測試編號後3碼		
M	術科測試編號後3碼　　試題編號		
N	崗位編號　　應考日期		

七、術科測試辦理單位應按應檢人數準備材料，每場次每一試題各備份材料 1 份。

八、術科測試辦理單位應依術科測試場地機具設備表，備妥各項機具設備及儀表等提供應檢人使用。

乙級數位電子學術科(VHDL / Verllog 雙解)

貳、技術士技能檢定數位電子乙級術科測試應檢人須知

一、本檢定內容為按試題之要求，以電腦輔助電路佈線軟體及晶片電路設計軟體，進行檢定電子電路之電路板佈局設計及電路功能設計，並分別完成電路圖、零件佈置圖、佈線圖及晶片電路設計。依據佈線完成之零件佈置圖及佈線圖進行焊接組裝及測試，完成試題所要求之成品，測試時間為 6 小時（含檢查材料時間），其工作要點如下：

(一) 應檢人應於資料碟（如 D 槽）中，建立兩個資料夾：

第一個資料夾名稱為：崗位編號_Layout，放置電路圖與佈線圖設計專案。

第二個資料夾名稱為：崗位編號_CPLD，放置 CPLD 電路設計專案。

(二) 依照「電腦製圖規則」，應檢人必須將完成的零件佈置圖及佈線圖列印成書面資料，提供監評人員進行比對評分。

(三) 依照「焊接規則」、「裝配規則」，使用供給材料及必要工具等，完成試題規定之焊接組裝及動作要求之成品。

二、注意事項：

(一) 測試開始 15 分鐘內未入場之應檢人視為缺考，取消應檢資格。凡故意損壞公物與設備，除應負賠償責任外，一律取消應檢資格。

(二) 由監評人員主持公開抽題（無監評人員親自在場主持抽題時，該場次之測試無效），術科測試現場應準備電腦及印表機相關設備各 1 套，術科測試辦理單位之試務人員依應檢人數設定試題套數並事先排定於工作崗位上（每題均應平均使用），應依測試時間配當表辦理抽題，並將電腦設置到抽題操作介面，會同監評人員、應檢人，全程參與抽題，處理電腦操作及列印簽證（測試列印用紙監評人員需事先簽證，若有列印失誤，應檢人需拿原先列印失誤者更換列印用紙）事項。應檢人依抽題結果進行測試，遲到者或缺席者不得有異議。試題抽題方式請詳閱術科測試試題使用說明之試題抽題規定。

(三) 應檢人自備工具表所列工具應自行攜帶，未完全自備者得向術科測試辦理單位借用，但每項扣 10 分。

(四) 測試列印用紙、CPLD 零件及二片電路板等均應有監評人員簽證，方為有效。

(五) 術科測試辦理單位準備 CPLD 測試板，可利用電腦桌面上 CPLD I/O 接腳測試板之燒錄檔(SKC_DEtest.pof)確認取得 CPLD 各 I/O 接腳功能正常。相關檔案可至「技能檢定中心全球資訊網/技能檢定/檢定試題與參考資料/測試參考資料」處下載。

(六) 應檢人不得使用網路進行試題規定輸出列印以外的資料傳送或接收作業，一經發現即視為作弊，以不及格論處。

(七) 應檢當日所使用的測試試題由術科測試辦理單位提供，應檢人不得夾帶試題、任何圖說、零件或材料進場，亦不得將試場內之試題、任何圖說、器材或配件等攜出場外，一經發現即視為作弊，以不及格論處。

(八) 應檢人不得接受他人協助或協助他人(如動手、講話及動作提示等)，一經發現即視為作弊，雙方均以不及格論處。

(九) 通電檢驗若發生短路現象(如無熔絲開關跳脫或插座保險絲熔斷者)，即應停止測試，不得重修，並以不及格論。

(十) 應檢人未經監評人員允許私自離開試場或經允許但離場逾 15 分鐘不歸者，以不及格論。

(十一) 測試開始應檢人應關閉電子通訊裝置且不得攜至崗位，一經發現即視為作弊，以不及格論處。

(十二) 有「技術士技能檢定作業及試場規則」第 48 條規定情事之一者，予以扣考，不得繼續應檢，其術科測試成績以不及格論。

(十三) 在測試開始後 30 分鐘內應自行檢查及清點器具、設備、材料，如有毀損、不良及短缺者，應立即提出更換或補發，並由監評人員立即處理，測試開始 30 分鐘後，不得再提出疑義。

(十四) 每更換一零件，按評審表規定扣分。

(十五) 應檢人於測試完畢或離開前，應作適當之現場清理工作，否則按評審表規定扣分。

(十六) 應檢人於術科測試結束後，應將成品、圖件及未用完之測試材料等繳交監評人員；中途離場者亦同。繳件出場後，不得再進場。

(十七) 場地所提供機具設備規格，係依據數位電子職類乙級術科測試場地及機具設備評鑑自評表最新規定準備，應檢人如需參考可至「技能檢定中心全球資訊網/合格場地專區/術科測試場地及機具設備評鑑自評表」處下載。

(十八) 未盡事宜，依據技術士技能檢定及發證辦法、技術士技能檢定作業及試場規則等相關規定辦理。

附錄 1：技術士技能檢定數位電子乙級術科測試場地機具設備表儀器廠牌及型號

項次	名稱	廠牌型號	備　註
1	示波器		
2	電源供應器		
3	個人電腦(PC)		
4	晶片電路設計軟體 (EDA Tools)		
5	電腦輔助電路佈線軟體 (PCB Layout)		
6	列印方式	□USB 隨身碟，共用印表機 □個人印表機 □網路印表機	

註：應檢人測試時應使用術科測試辦理單位提供之軟體與設備，事後不得提出異議。

術科測試辦理單位：＿＿＿＿＿＿＿＿＿＿＿＿＿(戳章)

附錄 2：技術士技能檢定數位電子乙級 CPLD I/O 接腳測試板參考線路圖

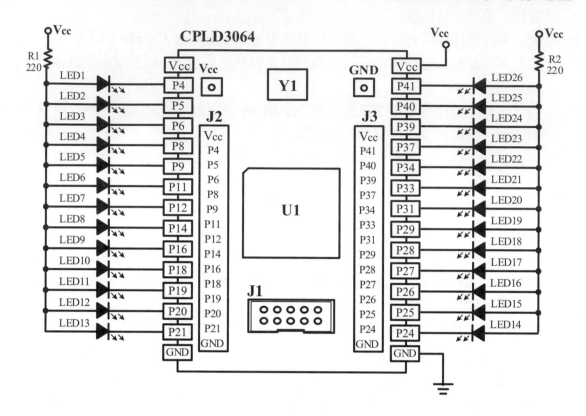

參、技術士技能檢定數位電子乙級術科測試工作規則

　　為求評分一致性，提供下列電子工作法之規則；「電腦製圖規則」、「焊接規則」及「裝配規則」。各規則的規定項次前加註之符號意義為：

符號	說明
×	規定在評審表為不予評分者。
☆	規定在評審表為扣 10 分者。
○	規定在評審表為扣 2 分者。

一、電腦製圖規則

符號	項次	說明
×	1.	零件佈置圖與佈線圖(需存成 PDF 檔供監評人員檢核)，列印應以原尺寸(1:1)列印，否則不予評分。
×	2.	零件佈置應平均分佈於電路板上，零件安裝後之外緣不得超出母板，否則不予評分。
☆	3.	未依規定建立資料夾，每項扣 10 分。
☆	4.	零件佈置圖與佈線圖右下角的繪製者資訊需設定，包含術科測試編號-崗位編碼(標註於圖框的 Title)、測試日期(標註於圖框的 Date)，不完整每項扣 10 分。 Sheet: File: workv2.kicad_pcb **Title: 12345678-12** Size: A4　Date: 2022-11-03　Rev: KiCad E.D.A. kicad (6.0.4)　Id: 1/1 4　5　6
○	5.	零件代號標示應與母板材料表之編號相符。
○	6.	佈線圖中之佈線應與圖邊緣成水平或垂直，折角應 90 度或 135 度。

二、焊接規則

符號	項次	說明
×	1.	焊接面必須使用裸銅線，裸銅線之間距不得小於萬用電路板的兩個點距(0.1 吋)，否則不予評分。
○	2.	元件所有接腳均需焊接，焊接可採用先焊後剪接腳，或先剪接腳再焊，但接腳餘長不得超過 0.5mm，端子、連接器之接腳不需剪除。
○	3.	焊錫應佈滿銅箔面之零件接腳圓點內，裸銅線轉折處應焊接，且直線部分兩焊接點間之空點不得超過 4 個。

乙級數位電子學術科(VHDL / Verilog 雙解)

符號	項次	說明
○	4.	焊接時焊錫量應適中,如下圖所示,焊點必須圓滑光亮不得有焦黑、錫面不光滑、冷焊、氣泡…等現象。 註:A為PC板、B為裸銅線。  (a) 焊錫量過多　　(b) 焊錫量適中　　(c) 焊錫量不足
○	5.	焊接表面黏著元件(SMD)時,焊錫量應與元件呈現良好浸潤狀態,焊錫最大高度可以高過元件,但不能超出金屬端延伸到元件體上。  (a) 良好　　(b) 焊錫過多　　(c) 焊錫浸潤不足
○	6.	焊接時不得使銅箔圓點脫落或浮翹。

三、裝配規則

符號	項次	說明
×	1.	電路連接所需之跳線長短可自行剪裁,但應裝置於電路板零件面,銅箔面不得使用跳線或零件,零件面可使用跳線但不得跨過零件或其他跳線,電路板兩面不得用導線繞過板外緣連接,否則不予評分。
×	2.	萬用板上零件安裝之位置需與繪製之「零件佈置圖」相同。
○	3.	萬用板成品需與PCB佈線圖完全相同,兩者不一致時每條接線(元件接腳與接腳圖的接線)扣2分。
○	4.	電阻器安裝於電路板時,色碼之讀法必須由左而右,由上而下方向一致。
○	5.	被動零件裝配應與電路板密貼,電晶體需與電路板留有3-5mm之高度。
○	6.	IC、鍵盤、石英振盪器及七段顯示器均需使用腳座,不可直接焊於電路板上,腳座應與電路板密貼。
○	7.	零件接腳彎曲後不得延伸至銅箔圓點邊緣外。
○	8.	母電路圖的塑膠銅柱應完成組裝。

肆、技術士技能檢定數位電子乙級術科測試應檢人自備工具表

項次	名稱	規格	單位	數量	備註
1	剝線鉗	1.66mm 以下	支	1	
2	起子	固定銅柱用	支	1	
3	尖嘴鉗	電子用	支	1	
4	斜口鉗	電子用	支	1	
5	鑷子	SMD 零件使用	支	1	
6	三用電表	數位／類比皆可	只	1	
7	電烙鐵	含烙鐵架及海綿	套	1	
8	吸錫器	真空吸力	支	1	
9	文具	藍色或黑色原子筆	只	1	

※應檢人得向術科測試辦理單位借用本表各項工具時，每借用一項工具時，每借用一項工具扣分 10 分。

伍、技術士技能檢定數位電子乙級術科測試試題編號及名稱表

試題	試題編號	名稱	備註
一	11700-110201	四位數顯示裝置	
二	11700-110202	鍵盤輸入顯示裝置	

陸、技術士技能檢定數位電子乙級術科測試試題

試題一

一、試題編號：11700-110201

二、試題名稱：四位數顯示裝置

三、測試時間：6 小時

四、試題說明：

本試題依檢定電子電路圖分為兩部分，第一部分為母電路板，內容包括：(1)以電腦輔助電路佈線軟體繪製佈線圖、(2)依所繪製之佈線圖，以萬用電路板進行裝配及焊接；第二部分為子電路板，內容包括：(1)以蝕刻好的電路板進行裝配及焊接工作、(2)以電子設計自動化(EDA)軟體完成可程式晶片之電路設計。並依組裝圖將母電路板與子電路板組合完成試題動作要求，其工作說明如下：

(一) 依抽定之子板接腳組合及應檢人自行規劃之腳位，繪製電路圖。

(二) 依抽定之七段顯示器顯示內容，進行 CPLD 內部電路設計。

(三) 使用電腦輔助電路佈線軟體依繪製之電路圖轉成佈線圖，依電腦製圖規則，分別繪製成電路圖、標明零件接腳及零件代號之「零件佈置圖」(零件面)及裸銅線之「佈線圖」(銅箔面)，完成後將「零件佈置圖」與「佈線圖(需鏡像輸出)」列印輸出。電腦輔助電路佈線所需的板框樣式與零件庫，若非屬於標準零件庫，由應檢人自行建立。

(四) 電腦輔助電路佈線所需的板框樣式與零件庫，若非屬於標準零件庫，由應檢人自行建立，得使用試場提供之零件庫內容：

　　1.　符號庫參考檔案，置於桌面，檔案名稱為

　　　　"桌面\KiCAD_Library\New_Library.kicad_sym"，內含下列 6 項符號。

編號	元件項目	名稱
1	CPLD 子版	CPLD_3064
2	4 位數 7 段顯示	4_Digits_7Seg_CC
3	1 位數 7 段顯示	7Seg_CA
4	3×4 鍵盤	3x4_Keypad
5	電晶體	CS9013
6	電阻	R_US

2. 封裝庫參考檔案，置於桌面，目錄名稱為

"桌面\KiCAD_Library\New_Library.pretty"，內含下列 7 項封裝檔案。

編號	元件項目	封裝名稱 (封裝檔案名稱：封裝名稱.kicad_mod)
1	CPLD 子版	CPLD_3064_D
2	4 位數 7 段顯示	4_Digits_7Seg
3	1 位數 7 段顯示	7Seg
4	3×4 鍵盤	3x4_Keypad
5	電晶體	Transistor
6	電阻	Resistor
7	母板	PCB_M

(五) 裝配及焊接工作依「裝配規則」與「焊接規則」完成組裝。

(六) 母電路板實體之「零件佈置」與「裸銅線佈線」，必須與繪圖之「零件佈置」與「裸銅線佈線」相同。

(七) 子電路板之可程式晶片，使用 EDA 工具軟體依試題動作要求，進行電路設計、晶片規劃、接腳指定、下載燒錄後，完成功能測試。

(八) 本試題須完成母電路板之繪圖工作，及母電路板（所有主動元件及限流電阻皆需佈線焊接）與子電路板之組裝（所有元件皆需完全組裝並焊接完成），否則視同未完成不予評分。

五、試題動作要求：

(一) 子板接上電源後，LED1 指示燈應亮，未亮者扣 5 分。

(二) 未依抽定之子板接腳使用者，少一個接腳扣 10 分。

(三) 七段顯示器內容要求：

1. 七段顯示器未依測試當日抽籤指定的題組顯示其內容（例如：當日抽到的是 J 組，但七段顯示器顯示的是 K 組或其他組別的內容），則不予評分。

2. 若 4 位數七段顯示器每一個數字符號對應之七段顯示器同一個節段顯示不正確，則每一節段扣 25 分，如：a 節段在 4 個位數都不正確，扣 25 分；不同位數不同段顯示不正確，則每字扣 25 分，如：第一位數 a 節段不正確、第二位數 dp 節段不正確，二字共扣 50 分；若第一位數 a，d 二節段不正確，其餘位數各節段均正確，則以一字扣 25 分。一個錯誤僅扣一次不重複扣分。

六、試題參考圖表(四位數顯示裝置)

(一) 檢定電子電路圖

1.　母電路板參考電路圖

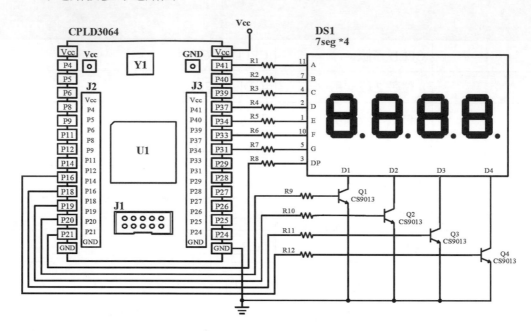

2. 子電路板

　　(1) 子電路板電路圖

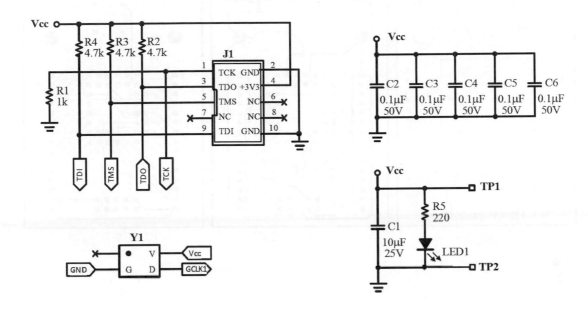

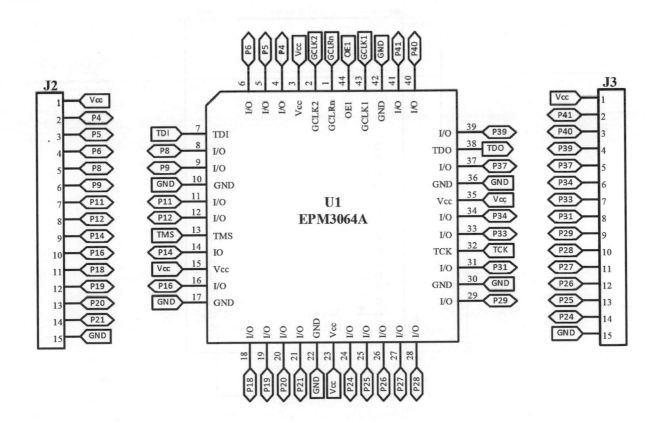

(2) 子電路板設計圖

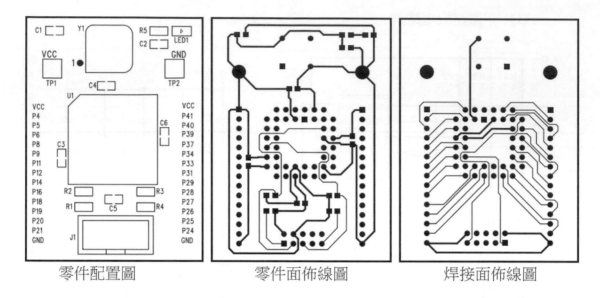

零件配置圖　　　零件面佈線圖　　　焊接面佈線圖

(3) 子電路板尺寸圖

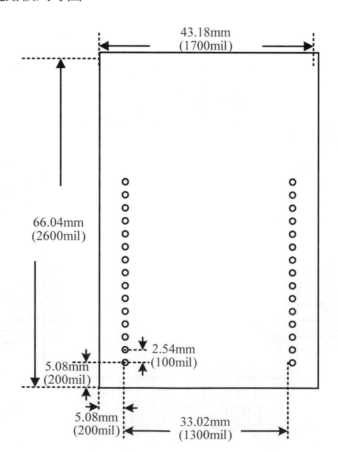

(二) 萬用電路板圖(上圖爲零件面、下圖爲焊接面)

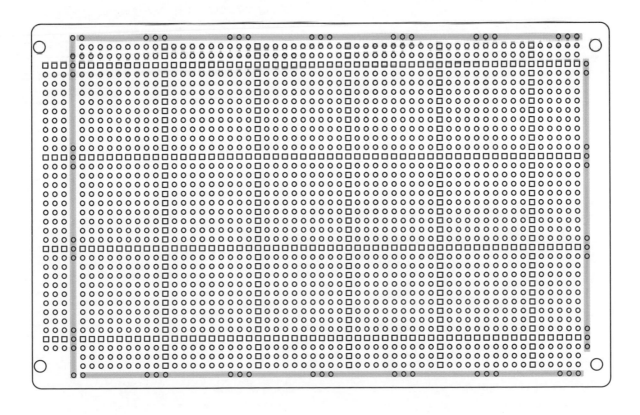

乙級數位電子學術科(VHDL / Verilog 雙解)

七、供給材料表(四位數顯示裝置)

(一) 母電路板

項次	編號	名稱	規格	單位	數量	備註
1	Q1～Q4	電晶體	CS9013 或同級品	只	4	
2	R1～R8	碳膜電阻器	220Ω，1/4W	只	8	
3	R9～R12	碳膜電阻器	2.2kΩ，1/4W	只	4	
4	DS1	四位數七段顯示器	共陰極	只	1	
5		萬用電路板	單面纖維鍍錫，100×160mm 2.54mm 腳距	片	1	
6		單芯線	ϕ 0.5mm PVC	公尺	2	
7		焊錫	無鉛 ϕ 0.5mm	公尺	2	
8		裸銅線	鍍錫 ϕ 0.5mm	公尺	2	
9		排針母座	單排 15-pin 2.54mm	只	2	
10		圓孔腳座	單排 6-pin 2.54mm	只	2	
11		塑膠銅柱	15mm，附螺母	只	4	

備註：

1. 每場次每一試題均應至少各有備份材料 1 份。

2. 所有電阻誤差值均在±5%以內。

(二) 子電路板

項次	編號	名稱	規格	單位	數量	備註
1		CPLD 子電路板	如試題參考圖表，CPLD PCB 板	片	1	
2	U1	CPLD	Altera EPM3064ALC44-10 或同級品	只	1	
3		CPLD 腳座	44-pin PLCC 型	只	1	
4	Y1	石英振盪器	OSC 方型，4MHz	只	1	
5	LED1	LED	SMD0805，綠色	只	1	
6	R1	電阻器	1kΩ(SMD0805)	只	1	
7	R2～R4	電阻器	4.7kΩ(SMD0805)	只	3	
8	R5	電阻器	220Ω(SMD0805)	只	1	
9	C1	電容器	10μF/25V(SMD0805)	只	1	
10	C2～C6	電容器	0.1μF(SMD0805)	只	5	
11	J1	金牛角座	10-pin 如 Altera JTAG 連接座	只	1	
12	J2～J3	排針	單排 15-pin 2.54mm，高 12mm	只	2	
13		圓孔腳座	短腳 4-pin(石英振盪器母座)	只	1	
14		接針	子電路板 Vcc 及 GND 用	只	2	
15		鍍銀線	30 AWG OK 線	cm	30	限子板檢修用

備註：

1. 每場次每一試題均應至少各有備份材料 1 份。

2. 所有電阻誤差值均在±5%以內。

乙級數位電子學術科(VHDL / Verilog 雙解)

試題二

一、試題編號：11700-110202

二、試題名稱：鍵盤輸入顯示裝置

三、測試時間：6 小時

四、試題說明：

本試題依檢定電子電路圖分為兩部分，第一部分為母電路板，內容包括：(1)以電腦輔助電路佈線軟體繪製佈線圖、(2)依所繪製之佈線圖，以萬用電路板進行裝配及焊接；第二部分稱為子電路板，內容包括：(1)以蝕刻好的電路板進行裝配及焊接工作、(2)以電子設計自動化(EDA)軟體完成可程式晶片之電路設計。並依組裝圖將母電路板與子電路板組合成試題動作要求，其工作說明如下：

(一) 依抽定之子板接腳組合及應檢人自行規劃之腳位，繪製電路圖。

(二) 依抽定之七段顯示器顯示內容，進行 CPLD 內部電路設計。

(三) 使用電腦輔助電路佈線軟體依繪製之電路圖轉成佈線圖，依電腦製圖規則，分別繪製標明零件接腳及零件代號之「零件佈置圖」(零件面)及裸銅線之「佈線圖」(銅箔面)，完成後將「零件佈置圖」與「佈線圖(需鏡像輸出)」列印輸出。

(四) 電腦輔助電路佈線所需的板框樣式與零件庫，若非屬於標準零件庫，由應檢人自行建立，得使用試場提供之零件庫內容：

1. 符號庫參考檔案，置於桌面，檔案名稱為

"桌面\KiCAD_Library\New_Library.kicad_sym"，內含下列 6 項符號。

編號	元件項目	名稱
1	CPLD 子版	CPLD_3064
2	4 位數 7 段顯示	4_Digits_7Seg_CC
3	1 位數 7 段顯示	7Seg_CA
4	3×4 鍵盤	3x4_Keypad
5	電晶體	CS9013
6	電阻	R_US

2. 封裝庫參考檔案，置於桌面，目錄名稱爲

"桌面\KiCAD_Library\New_Library.pretty"，內含下列 7 項封裝檔案。

編號	元件項目	封裝名稱 (封裝檔案名稱：封裝名稱.kicad_mod)
1	CPLD 子版	CPLD_3064_D
2	4 位數 7 段顯示	4_Digits_7Seg
3	1 位數 7 段顯示	7Seg
4	3×4 鍵盤	3x4_Keypad
5	電晶體	Transistor
6	電阻	Resistor
7	母板	PCB_M

(五) 裝配及焊接工作依「裝配規則」與「焊接規則」完成組裝。

(六) 母電路板實體之「零件佈置」與「裸銅線佈線」，必須與繪圖之「零件佈置」與「裸銅線佈線」相同。

(七) 子電路板之可程式晶片，使用 EDA 工具軟體依試題動作要求，進行電路設計、晶片規劃、接腳指定、模擬測試及下載，完成功能測試。

(八) 本試題須完成母電路板之繪圖工作，及母電路板（所有主動元件及限流電阻皆需佈線焊接）與子電路板之組裝（所有元件皆需完全組裝並焊接完成），否則視同未完成不予評分。

五、試題動作要求：

(一) 子板接上電源後，LED1 指示燈應亮，未亮者扣 5 分。

(二) 未依抽定之子板接腳使用者，少一個接腳扣 10 分

(三) 按下鍵盤，七段顯示器應出現對應之數字符號並須栓鎖於顯示器上，顯示內容要求，其中"*"及"#"顯示內容爲由當日抽籤指定（下表爲範例），顯示內容要求：

0	1	2	3	4	5	6	7	8	9	*	#
0	1	2	3	4	5	6	7	8	9	c	ɔ

1. 七段顯示器未依測試當日抽籤指定的題組顯示其內容（例如：當日抽到的是 J 組，但七段顯示器顯示的是 K 組或其他組別的內容），則不予評分。

2. 若鍵盤每一個數字符號對應之七段顯示器同一個節段內容顯示不正確，則每一節段扣 25 分，如：a 節段在 12 個數字符號的顯示都不正確，扣 25 分；不同數字符號不同段顯示不正確，則每字扣 25 分，如：數字符號 3 的 b 節段不正確、數字符號 5 的 f 節段不正確，其餘數字符號均正確，則二字共扣 50 分。一個錯誤僅扣一次不重複扣分。

六、試題參考圖表(鍵盤輸入顯示裝置)

(一) 檢定電子電路圖

1. 母電路板

(1) 母電路板參考電路圖

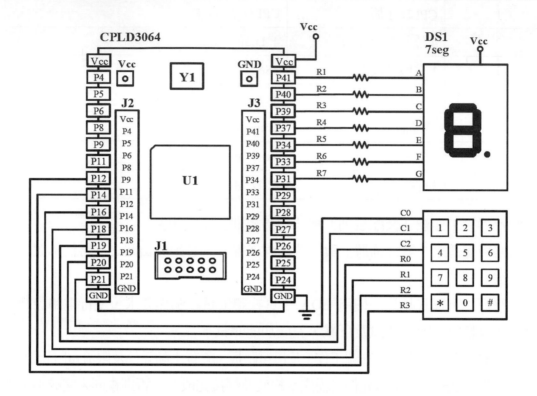

(2) 鍵盤規格尺寸圖

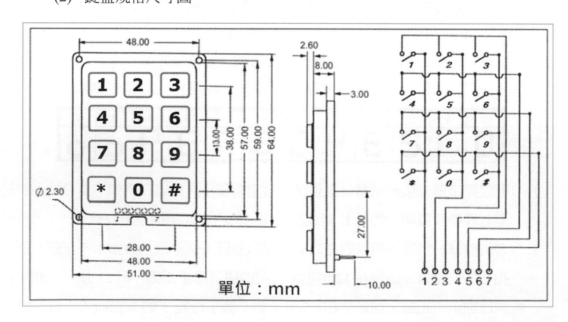

2. 子電路板

(1) 子電路板電路圖

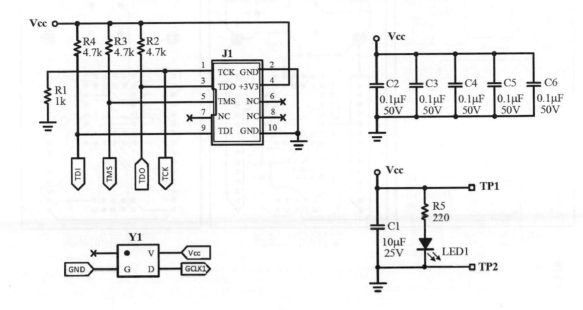

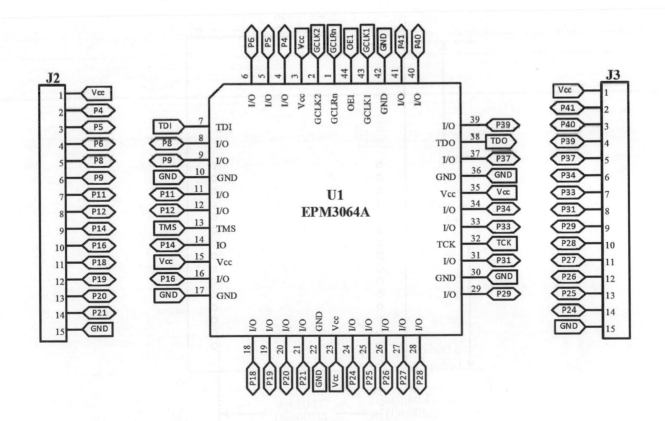

(2) 子電路板設計圖

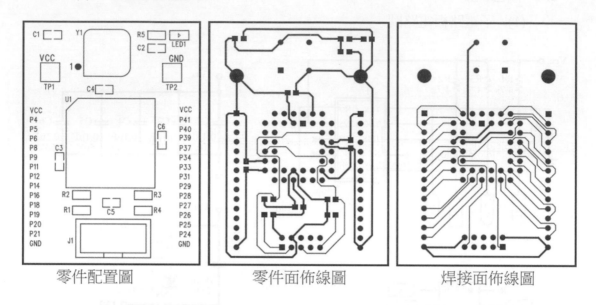

零件配置圖　　　　零件面佈線圖　　　　焊接面佈線圖

(3) 子電路板尺寸圖

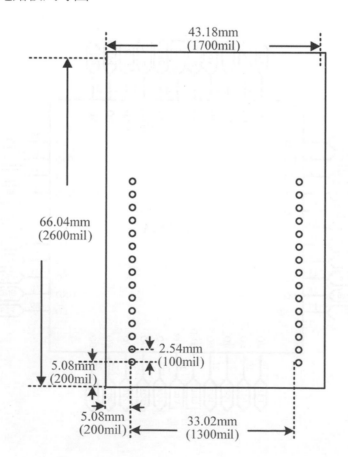

(二) 萬用電路板圖(上圖爲零件面、下圖爲焊接面)

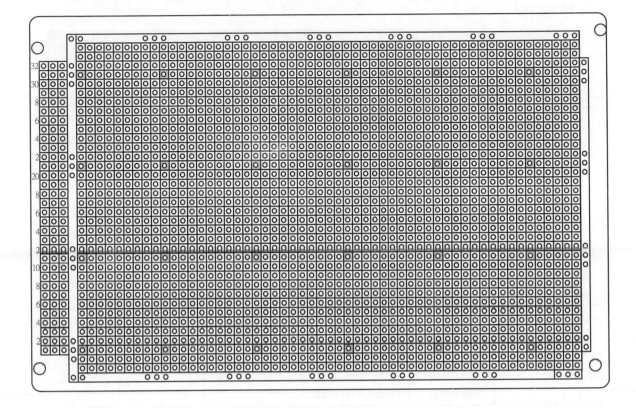

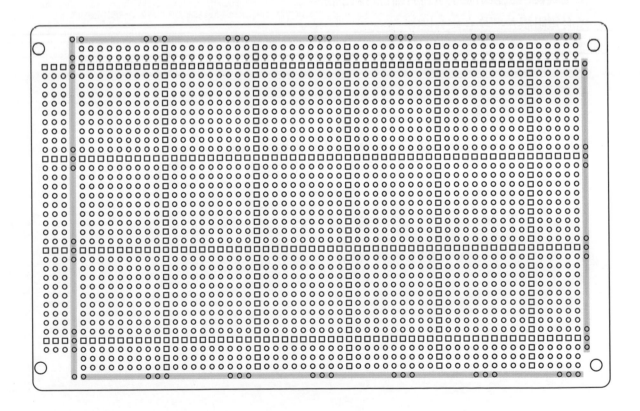

七、供給材料表(鍵盤輸入顯示裝置)

(一) 母電路板

項次	編號	名稱	規格	單位	數量	備註
1	R1~R7	碳膜電阻器	220Ω，1/4W	只	7	
2	R8~R14	碳膜電阻器	2.2kΩ，1/4W	只	7	自由選用
3	DS1	七段顯示器	共陽型	只	1	
4		鍵盤	3×4	只	1	
5		萬用電路板	單面纖維鍍錫，100×160mm 2.54mm 腳距	片	1	
6		單芯線	φ0.5mm PVC	公尺	2	
7		焊錫	無鉛 φ0.5mm	公尺	2	
8		裸銅線	鍍錫 φ0.5mm	公尺	2	
9		排針母座	單排 15-pin 2.54mm	只	2	
10		圓孔腳座	單排 5-pin 2.54mm	只	2	
11		排針母座	單排 7-pin 2.54mm	只	1	
12		塑膠銅柱	固定鍵盤柱，附螺母 M2, 12mm	只	2	
13		塑膠銅柱	15mm，附螺母	只	4	

備註：

1. 每場次每一試題均應至少各有備份材料 1 份。

2. 所有電阻誤差值均在±5%以內。

(二) 子電路板

項次	編號	名稱	規格	單位	數量	備註
1		CPLD 子電路板	如試題參考圖表，CPLD PCB 板	片	1	
2	U1	CPLD	Altera EPM3064ALC44-10 或 同級品	只	1	
3		CPLD 腳座	44-pin PLCC 型	只	1	
4	Y1	石英振盪器	OSC 方型，4MHz	只	1	
5	LED1	LED	SMD0805，綠色	只	1	
6	R1	電阻器	1kΩ(SMD0805)	只	1	
7	R2～R4	電阻器	4.7kΩ(SMD0805)	只	3	
8	R5	電阻器	220Ω(SMD0805)	只	1	
9	C1	電容器	10μF/25V(SMD0805)	只	1	
10	C2～C6	電容器	0.1μF(SMD0805)	只	5	
11	J1	金牛角座	10-pin 如 Altera JTAG 連接座	只	1	
12	J2～J3	排針	單排 15-pin 2.54mm， 高 12mm	只	2	
13		圓孔腳座	短腳 4-pin(石英振盪器母座)	只	1	
14		接針	子電路板 Vcc 及 GND 用	只	2	
15		鍍銀線	30 AWG OK 線	cm	30	限子板 檢修用

備註：

1. 每場次每一試題均應至少各有備份材料 1 份。

2. 所有電阻誤差值均在±5%以內。

乙級數位電子學術科(VHDL / Verilog 雙解)

柒、技術士技能檢定數位電子乙級術科測試評審表

姓　　　　名			崗　位　編　號				評審	□ 及　　格
術科測試編號			測　試　日　期	年　月　日			結果	□ 不及格
試 題 編 號 及　　名　　稱	□11700-110201 四位數顯示裝置 □11700-110202 鍵盤輸入顯示裝置				領　取　測　試 材　料　簽　名　處			
CPLD 抽題 指 定 接 腳	□接腳組合 A　　□接腳組合 B □接腳組合 C　　□接腳組合 D □接腳組合 E				抽題指定 顯示內容	□顯示組合 J　□顯示組合 K □顯示組合 L　□顯示組合 M □顯示組合 N		

不　　　予　　　評　　　分　　　項　　　目		視為左列之一者不予評分。
一	□ 依據應檢人須知 二 之 □ 規定以不及格論處	屬於第四、五項者，請應檢人在本欄簽名：
二	□ 依據工作規則 □ 之 1 或 2 項不予評分者	
三	□ 依據試題動作要求(三)之 1 項不予評分者	
四	□ 未能於規定時間內完成者	
五	□ 提前棄權離場者	離場時間：　　　時　　　分

項目		評　　分　　標　　準	每處扣分	本項總扣分	最高扣分	實扣分數	備註
一	電腦製圖	1.依照「電腦製圖規則」第 3、4 項規定	10		20		
		2.依照「電腦製圖規則」第 5、6 項規定	2				
二	焊接	1.依照「焊接規則」第 2～6 項規定	2		20		
三	裝配	1.依照「裝配規則」第 3～8 項規定	2		20		
四	功能	1.不符合試題動作要求(一)	5		60		
		2.不符合試題動作要求(二)	10				
		3.依據試題動作要求(三)之 2 項	25				
五	工作安全與習慣	1.耗用子板、母板、CPLD 零件（限更換 1 次）	15		50		
		2.耗用或損毀主動零件	5				
		3.耗用或損毀被動零件	2				
		4.借用應檢人自備工具（項）	10				
		5.不符合工作安全要求	5				
		6.工作桌面未復原或儀器設備未歸位	5				
		7.離場前未清理工作崗位	10				
總　　　　　　　計		扣　　　　　分					
		得　　　　　分					

監評人員 簽　　名		監評長 簽　　名	

註：1.本評審表採扣分方式，以 100 分為滿分，得 60 分（含）以上者為「及格」。
　　2.應檢人若因電腦製圖、焊接、裝配、功能及工作安全與習慣等項扣分而「不及格」時，其原因應加註於備註欄。
　　3.成績核算務必確實核對（請勿於測試結束前先行簽名）。

捌、技術士技能檢定數位電子乙級術科測試時間配當表

每一檢定場，每日排定測試場次 1 場；程序表如下：

時間	內容	備註
08：00－08：30	1. 監評前協調會議(含監評檢查機具設備) 2. 應檢人報到完成	
08：30－09：00	1. 應檢人抽題 2. 術科測試場地之軟、硬體機具設備、供給材料與 　　自備工具等作業說明 3. 測試應注意事項說明 4. 應檢人試題疑義說明 5. 應檢人檢查軟、硬體機具設備及器材 6. 其他事項	
09：00－12：00	上午測試	上、下午共 6 小時
12：00－13：00	休息用膳	
13：00－16：00	下午測試(續)	上、下午共 6 小時
16：00－17：00	監評人員進行評分、成績統計及登錄	
17：00－17：30	檢討會(監評人員及術科測試辦理單位視需要召開)	

乙級數位電子學術科(VHDL / Verilog 雙解)

乙級數位電子學術科解析(VHDL/Verilog 雙解) / 林
澄雄編著. -- 五版. -- 新北市：全華圖書股份
有限公司, 2023.12
　　面；　公分
ISBN 978-626-328-802-7(平裝)
1.CST: 積體電路　2.CST: VHDL(電腦硬體敘述語
言)
448.62　　　　　　　　　　　　112020894

乙級數位電子學術科解析(VHDL/Verilog 雙解)

作者 / 林澄雄

發行人 / 陳本源

執行編輯 / 葉書瑋

出版者 / 全華圖書股份有限公司

郵政帳號 / 0100836-1 號

印刷者 / 宏懋打字印刷股份有限公司

圖書編號 / 0641504-202401

定價 / 新台幣 450 元

ISBN / 978-626-328-802-7

全華圖書 / www.chwa.com.tw

全華網路書店 Open Tech / www.opentech.com.tw

若您對書籍內容、排版印刷有任何問題，歡迎來信指導 book@chwa.com.tw

臺北總公司(北區營業處)
地址：23671 新北市土城區忠義路 21 號
電話：(02) 2262-5666
傳真：(02) 6637-3695、6637-3696

南區營業處
地址：80769 高雄市三民區應安街 12 號
電話：(07) 381-1377
傳真：(07) 862-5562

中區營業處
地址：40256 臺中市南區樹義一巷 26 號
電話：(04) 2261-8485
傳真：(04) 3600-9806(高中職)
　　　(04) 3601-8600(大專)

乙級數位電子學術科解析(VHDL/Verilog 要篇)

ISBN 978-626-328-802-7

23671 新北市土城區忠義路21號

全華圖書股份有限公司

行銷企劃部 收

廣 告 回 信
板橋郵局登記證
板橋廣字第540號

歡迎加入 全華會員

● 會員獨享

會員享購書折扣、紅利積點、生日禮金、不定期優惠活動⋯等。

● 如何加入會員

掃 QRcode 或填妥讀者回函卡直接傳真 (02) 2262-0900 或寄回,將由專人協助登入會員資料,待收到 E-MAIL 通知後即可成為會員。

如何購買 全華書籍

1. 網路購書

全華網路書店「http://www.opentech.com.tw」,加入會員購書更便利,並享有紅利積點回饋等各式優惠。

2. 實體門市

歡迎至全華門市(新北市土城區忠義路 21 號)或各大書局選購。

3. 來電訂購

(1) 訂購專線:(02) 2262-5666 轉 321-324
(2) 傳真專線:(02) 6637-3696
(3) 郵局劃撥(帳號:0100836-1 戶名:全華圖書股份有限公司)
※ 購書未滿 990 元者,酌收運費 80 元。

OpenTech 全華網路書店 .com.tw

全華網路書店 www.opentech.com.tw
E-mail: service@chwa.com.tw

※ 本會員制如有變更則以最新修訂制度為準,造成不便請見諒。